측정의 기본이 된
7가지 단위 이야기

# 단위의 탄생

# 단위의 탄생
## 측정의 기본이 된 7가지 단위 이야기

초판 인쇄 2024년 9월 10일
초판 발행 2024년 9월 15일

**지은이** 피에로 마틴
**옮긴이** 곽영직
**펴낸이** 조승식
**펴낸곳** 도서출판 북스힐
**등록** 1998년 7월 28일 제22-457호
**주소** 서울시 강북구 한천로 153길 17
**전화** 02-994-0071
**팩스** 02-994-0073
**인스타그램** @bookshill_official
**블로그** blog.naver.com/booksgogo
**이메일** bookshill@bookshill.com

**ISBN** 979-11-5971-614-0
**정가** 17,000원

* 잘못된 책은 구입하신 서점에서 교환해 드립니다.

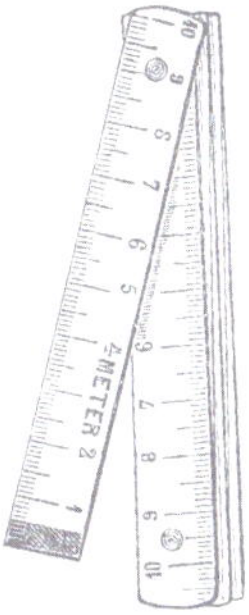
길이를 재는 미터

전류를 재는 암페어

질량을 재는 킬로그램

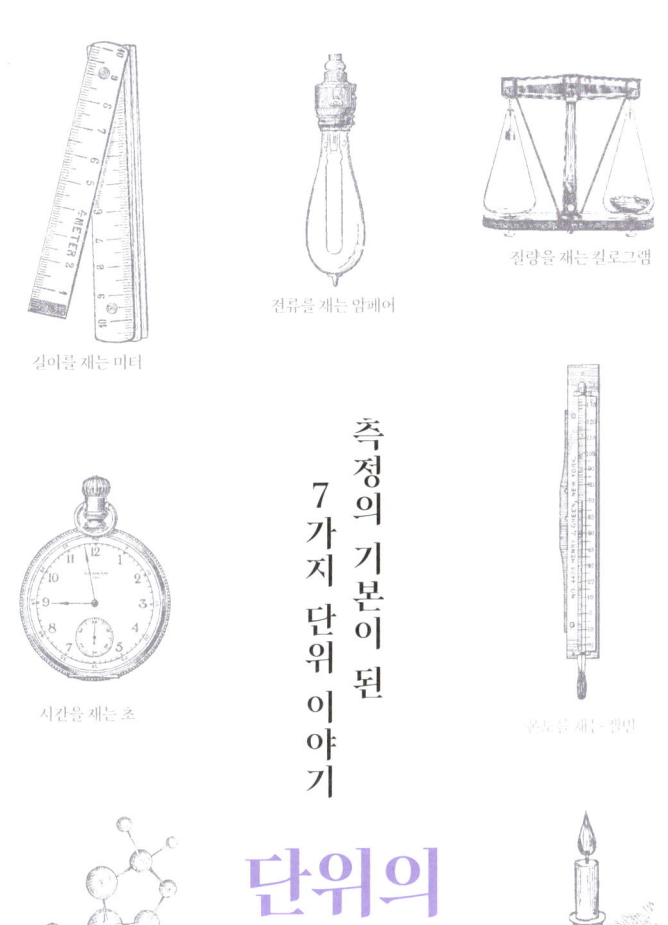

측정의 기본이 된
7가지 단위 이야기

시간을 재는 초

온도를 재는 켈빈

# 단위의 탄생

물질의 양을 재는 몰

밝기를 재는 칸델라

**피에로 마틴** 지음, **곽영직** 옮김

북스힐

# 차례

## 4 온도를 재는 '켈빈'



## 5 전류를 재는 '암페어'



## 6 물질의 양을 재는 '몰'



## 7 밝기를 재는 '칸델라'

# 서문

1960년 8월 17일 저녁, 함부르크 그로세가 64번지에 있는 인디라 음악 클럽은 보통 때와 같은 시간에 문을 열었다. 이날 저녁 기온이 10℃까지 떨어졌다. 이제 여름도 막바지로 치닫고 있었다. 엘비스 프레슬리Elvis Presley는 나폴리의 민요 〈오 솔레미오O Sole Mio〉를 개작한 〈바로 지금이야It's Now or Never〉로 전 세계 차트에서 1위를 기록하고 있었고, 독일에서는 프랑스의 여가수 달리다Dalida가 1년 전에 에디트 피아프Edith Piaf가 취입한 〈밀로르Milord(신사)〉를 독일어로 개사해서 부른 노래가 크게 히트를 치고 있었다.

그날 저녁 늦은 시간에 인디라 음악 클럽 밖에서 기다리고 있던 젊은이들은 그들을 위해 연주하기로 되어 있는 무명의 밴드가 장차 전 세계 대중음악계를 10년 이상 뒤흔들 것이라고는 상상조차 하지 못했다. 마찬가지로 EMI라는 이름으로 널리 알려진 전자 및 음반 회사의 최고 경영자들도 이 젊은 라커들이 회사에 엄청난 영향을 줄 것이라는 것을 알지 못했다.

30년 전쯤 런던에서 창립한 EMI는 컬럼비아 그래포폰과 '마스터의 목소리His Master's Voice'라는 역사적인 상표로 유명한 그래모폰 사를 합병한 후 음악 산업계의 선두 주자가 되었다. 1931년에 이 회사의 엔지니어 중 한 사람이었던 알란 블룸라인Alan Blumlein이 스테레오 녹음 특허를 받았으며, 1960년대에는 크게 히트한 레코드를 많이 만들었고 전자 기술의 개발 분야에서도 큰 성공을 거두었다. 그러나 존 레논John Lennon, 폴 매카트니Paul McCartney, 그리고 조지 해리슨George Harrison이 그들의 첫 앨범을 발표한 8월 17일에 EMI에도 변화가 생기기 시작했다. 해리슨, 레논, 매카트니, 그리고 피트 베스트Pete Best, 스튜어트 서트클리프Stuart Sutcliffe는 비틀스를 결성했다. 피트와 스튜어트 두 사람 대신에 나중에 링고 스타Ringo Starr가 비틀스 멤버가 된다. 함부르크는 그들의 첫 번째 해외 공연 장소였다. 그들은 인디라 음악 클럽에서 48일 동안 공연했다. 그리고 그 후 1969년 1월 30일까지 9년 동안 세계 곳곳에서 공연했다. 그들의 마지막 공연은 런던 세빌가 3번지에 있는 루프에서였다. 이 기간 동안 이들이 이루어 놓은 것들은 전설이 되었다.

제2차 세계대전이 끝나자 주로 군에서 사용하는 제품들을 생산하는 데 종사했던 EMI의 전자 기술자들이 상업용 제품 생산을 시작했다. 그리고 EMI가 크게 성장하던 1950년대와 1960년대에 록 음악을 비롯한 대중음악도 크게 성장했다. 전자 산업 분야에서의 성공과 소속 연예인들의 성공, 특히 1962년에 이루어진 비틀스와의 계약으로 인해 EMI는 돈과 명성을 함께 얻었다. 1960년대에 EMI 엔지니어들이 추진했던 프로젝트에는 의료 진단 장비인 CT 장치를 개발하는 프로젝트도 포함되어 있었다. 오늘날 CT 스캐너는 고해상도로 몸 안의 장기들을 보여주는 질병 진단에 필수적인 의료 진단 장비가 되었다. 실용적인 CT 장비를 개발한 사람은 EMI 실험실에서 연구하고 있던 고드프리 하운스필드Godfrey Hounsfield였다. 그는 남아프리카의 물리학자 앨런 매클라우드 코맥Allan MacLeod Cormack의 이론적인 연구를 바탕으로 CT 스캐너를 만드는 데 성공했다.

하운스필드와 코맥은 1979년에 노벨의학상을 공동으로 수상했다. 그 후 오랫동안 이 놀라운 의료 장비의 개발에 가장 크게 공헌한 사람들은 리버풀의 4인조 밴드라는 소문이 돌았다. 비틀스가 그런 주장을 한 적은 없다. 하지만 EMI가 비틀스의 활동으로 벌어들인 돈의 일부가 CT 스캐너 개발에 사용되었을 가능성을 배제할 수는 없다. 그러나 실제로는 2012년 캐나다의 과학자 제프 마이즐린Zeev Maizlin과 패트릭 보스Patrick Vos가 학술지 《토모그래피Journal of Computer Assisted Tomography》에 발표한 논문에 의하면, 영국 보건 및 사회 안전성이 CT 스캐너 개발에 투자한 돈이 EMI가 투자한 금액보다 훨씬 많았다.

그럼에도 불구하고 현대 문화에 대한 비틀스의 공헌은 대단하다. 그들의 공헌은 EMI 연구소에서 개발한 CT 스캐너가 매일 많은 사람들의 목숨을 살리고 있는 것을 보면 알 수 있다. CT 스캐너는 몸의 조직을 통과한 X선의 세기를 측정하여 해상도가 높은 조직의 영상을 만들어 낸다. CT 스캐너는 측정이 우리 몸에 대한 정보를 어떻게 제공하는지를 보여주는 많은 예들 중 하나이다. 체온, 혈압, 그리고 심장 박동에 대한 측정도 우리 몸에 대한 정보를 제공한다.

이러한 측정 결과가 의미를 가지기 위해서는 측정 결과를 물리적인 의미를 가진 숫자로 전환해야 하고, 이 숫자들을 다시 자연 현상과 연관 지을 수 있어야 한다. 물리량을 나타내는 숫자는 적절한 장치를 이용하여 얻어낼 수 있고, 측정에 사용된 단위를 이용하여 다른 물리량들과 비교할 수 있다. 체온을 측정하는 경우 측정 장치는 온도계이고, 측정에 사용되는 단위는 섭씨나 화씨 온도 단위이다. 인류는 지구상에 살기 시작하면서부터 세상을 측정해 왔다. 우리는 세상을 이해하기 위해, 세상을 탐험하기 위해, 세상에서 살아가기 위해, 다른 사람들과 어울려 살아가기 위해, 정의를 실현하기 위해, 신의 세계로 나아가기 위해 세상을 측정한다. 고대에서부터 측정은 인생이라는 천을 짜는 일이었다. 시간의 측정이 우리 인생과 시간의 관계, 인간과 자연의 상호작용, 그리고 초자연적인 현상과의 관계에서 얼마나 중요한 역할을 하는지를 생각해 보자. 인간은 우리의 과거와 현재를 이해하고, 미래에 대한 계획을 세우기 위해 측정한다.

인류가 도구를 이용하여 측정을 할 수 있게 된 것은 인간이 가지고 있는 창의성 덕분이다. 자연에는 낮과 밤, 계절의 변화와 같이 주기적으로 반복되는 현상들이 많다. 그리고 자연에는 카르보 씨앗처럼 모양이나 무게가 일정한 것들도 많이 있다. 3만 년 전에 지금의 프랑스 지역에 살았던 사람들이 1년 동안의 달의 위상 변화를 기록해 놓은 것으로 보이는 매머드 이빨로 만든 표가 발견되었다. 이것은 일종의 휴대용 달력이었을 것이다. 인간은 놀라운 통찰력을 통해 여러 가지 물건들을 이용하여 자오선이나 도구의 길이를 측정하는 자로 사용했다. 그러나 자연은 인간의 측정과는 관계없이 정확하게 작동한다.

문명의 여명기에 했던 최초의 측정들은 모든 사람이 쉽게 접할 수 있고 누구나 사용할 수 있었던 사람의 신체 일부를 이용하여 이루어졌다. 팔, 다리, 손가락, 발가락은 누구나 손쉽게 사용할 수 있는 측정 도구였다. 사람에 따라 크기가 조금씩 다르기는 했지만, 초기의 측정 도구로는 이보다 더 좋은 것이 없었을 것이다. 다섯 뼘은 대략 1야드 또는 1미터의 길이에 해당했다.

신체 일부의 길이를 단위로 사용한 예는 세계 모든 곳에서 발견할 수 있다. 팔꿈치에서 손가락 끝까지의 길이를 나타내는 큐빗cubit(약 0.5미터에 해당함)이라는 단위는 이집트, 유대 지방, 수메르, 로마, 그리스와 같은 지중해 연안에 있던 거의 모든 문명에서 사용되었다. 중국, 그리스, 로마에서는 피트feet라는 단위가 널리 사용되었다. 고대 로마에서는 페이스pace라는 단위도 사용되었는데, 1,000페이스는 1 로마 마일에 해당하였다. 기원전 80년에서 20년까지 살았던 마르쿠스 비트루비우스 폴리오Marcus Vitruvius Pollio가 쓴 건축 관련 백과사전이라고 할 수 있는 《건축학De architectura》에 등장하는 '영원한 도시'에서도 피트라는 단위가 사용되었다. 세 번째 권의 첫 번째 장에서 비트루비우스는 대칭에 대해 "신전의 설계는 건축가가 세심하게 주의를 기울여야 하는 대칭에 기반을 두고 있으며, 대칭은 비율에 기반을 두고 있다."라고 했다. 그는 건축의 비율이 인체의 비율과 관련되어 있다고 설명했다.

> 인체는 자연에 의해 설계되었기 때문에 얼굴의 길이, 즉 턱 끝에서 이마 윗부분까지의 길이는 그 사람 키의 10분의 1이다. ... 발의 길이는 키의 6분의 1이고, 팔꿈치의 길이는 키의 4분의 1이며, 가슴의 너비도 키의 4분의 1이다. 몸의 다른 부분들도 일정한 비율을 이루고 있다. 이런 사실을 잘 이용한 화가나 조각가들은 위대한 작품을 남겼고 큰 명성을 얻었다.

레오나르도 다빈치가 그린 유명한 그림 중 하나인 〈비트루비안 맨Vitruvian Man〉은 인체의 이상적인 비율을 나타냈는데, 이 그림의 제목은 비트루스의 이름에서 유래했다. (〈비트루비안 맨〉은 베니스에 있는 아카데미아 갤러리에 보관되어 있으며, 갤러리 웹사이트에서는 레오나르도가 초기 르네상스 시대의 이탈리아 철학자이자 건축가인 레온 바티스타 알베르티Leon Battista Alberti와 유클리드로부터 영감을 받았다고 설명하고 있다.) 레오나르도와 비슷한 시대를 살았던 독일의 제이컵 쾨벨Jacob Köbel은 일요일 아침 교회 바깥에 줄 서 있는 어른 16명의 발을 이어 놓으면 루드rood라는 길이의 단위가 된다고 설명했다. 독일에서 사용되었던 루트Rute라는 단위와 비슷했던 이 단위는 로마에서 사용되었던 페르티카pertica(퍼치perch 또는 로드rod라고도 불림)에서 유래했다.

측정은 사회적 동물인 인간이 다른 사람들과 상호작용을 하는데 도움이 되었다. 사회의 크기가 점차 커지고 고도로 조직화되자 인류는 통일된 측정 방법이 필요해졌다. 측정 방법은 공동체를 하나로 묶는 중요한 역할을 한다. 사회가 발전함에 따라 작은 마을이나 한 개의 도시에만 국한되지 않고 넓은 지역에서 공동으로 사용할 수 있는 측정 체계가 필요하게 되었다. 이집트, 메소포타미아, 그리스, 로마와 같이 고도로 발달했던 고대 문명들이 잘 정비된 측정 체계를 만들려고 했던 것은 우연한 일이 아니었다. 기원전 1850년경에 이집트의 파라오였던 센워스레트 3세Senwosret III는 효과적으로 세금을 징수하기 위해 나일강 유역의 경작지를 측량하는 방법을 정비했다. 기원전 2144년부터 2124년까지 메소포타미아의 신수메르를 다스렸던 라가시의 구데아Gudea of Lagash 왕의 조각상(현재 루브르 박물관에 보관되어 있음)은 길이를 측정하는 자를 들고 있다. 로마가 건설한 도로에는 로마까지의 거리를 나타내는 이정표가 곳곳에 설치되었다. 그리스의 네메시스Nemesis 여신의 상징은 길이를 측정하는 자였다. 구약성서에는 "저울과 자는 모두 여호와의 것이요, 주머니 안의 모든 추들도 그가 지으신 것이니라(잠언 16장 11절)."라고 기록되어 있다. 공식적인 측정 체계를 만들고 이를 널리 알려 많은 사람들이 사용하도록 한 것은 신과 밀접한 관계가 있음을 보여준다. 측정 체계는 소속감과 상호 신뢰를 나타냈다.

구데아Gudea(기원전 21세기에 메소포타미아 남부에 있던 라가시를 다스림) 왕은 자를 그의 무릎 위에 들고 있다. 이 저울로 측정한 죽은 사람의 심장의 무게는 사후 세계에서의 그의 생활을 결정했다. 가장 고귀한 베네치아 공화국The Most Serene Republic of Venice은 시장에서 사거나 팔 수 있는 다양한 물고기 길이의 최솟값을 나타내는 표지판을 걸어 놓았다. 이는 어린 물고기와 환경을 보호하기 위한 것이었다. 현대에는 (미터나 킬로그램과 같은) 표준 측정 단위의 복제품이 각 나라의 수도에 보관되어 있다.

측정은 권력인 동시에 상호 신뢰를 나타낸다. 표준 단위의 존재로 인해 우리는 거래할 때 길이나 무게를 측정하기 위해 자나 저울을 직접 들고 다닐 필요가 없다. 비행기에서 짐을 부칠 때 담당 직원이 짐의 크기와 무게가 항공사에서 정한 한도를 초과했다고 말할 때도 마찬가지이다. 우리가 쉽게 받아들일 수 있는 것은 그들의 측정 결과를 신뢰하기 때문이다. 우리는 그들이 사용하는 저울이 표준 저울과 일치할 것이라고 믿고 있다.

측정 체계는 역사적 사건과 밀접한 관련이 있다. 로마제국이 멸망한 후 유럽에 여러 나라가 나타나 경쟁하던 중세에는 사회적이고 정치적인 중앙 조직의 부재로 인해 공통적인 측정 체계도 무너져 버렸다. 그 결과 여러 나라들이 자신만의 고유한 측정 체계를 발전시켰다. 오랜 시간이 흐른 후에 측정 체계의 통일을 위해 더 넓은 지역에서 사용할 수 있는 조화로운 측정 체계를 확립하고자 했다. 프랑크 왕국의 샤를마뉴 대제는 신성로마제국 전체에서 통용되는 측정 체계를 확립하려고 했지만 성공하지 못했다. 몇 세기가 지난 후 영국의 마그나 카르타Magna Carta(대헌장)에서도 상업 목적의 부피, 길이, 무게를 측정하기 위한 규칙을 만들려고 했다.

> 영국 전역에서 사용할 수 있는 포도주, 맥주, 그리고 옥수수의 양을 측정하는 표준 단위(영국 쿼터)가 있어야 한다. 그리고 염색된 천의 너비를 측정할 기준이 필요하다. ... 무게도 같은 방법으로 표준화되어야 한다.

측정이 서양에서만 중요했던 것이 아니었다. 로버트 P. 크레아스Robert P. Crease가 쓴 《저울 안의 세상World in the Balance》에 의하면, 중국에서도 기원전 2000년경부터 측정 체계가 확립되기 시작했다. 최초로 중국을 통일한 진시황이 가장 먼저 한 일이 각 지역마다 달랐던 도량형을 통일한 것이었다. 크레아스의 설명에 의하면, 서부 아프리카에 살았던 아칸족은 기원전 1400년경에 소형 조각상들을 기반으로 한 측정 체계를 발전시켰다. 이 조각상들은 금가루를 이용한 거래에서 무게의 기준으로 사용되었다.

그러나 측정의 통일적 체계를 만들기 위한 중요한 두 단계의 과정이 실행된 것은 갈릴레이가 활동했던 17세기에 과학 방법이 널리 전파되고, 18세기에 프랑스 대혁명이 일어난 후였다. 현대적이고 과학적인 측정 방법은 실험과 관측, 그리고 재현 가능성에 바탕을 두고 있었다. 실험들을 기술하기 위해, 그리고 새로운 이론을 이끌어 내고 기존의 이론을 증명하거나 부정하기 위해서는 공통적인 측정 단위가 필요했다. 프랑스 대혁명은 반아리스토텔레스적인 분위기 속에서 일어났다. 자유, 평등, 그리고 박애는 여러 가지 다른 측정 체계를 사용하면서 자신이 속한 그룹의 이익에만 관심을 가지는 사회에서는 실현될 수 없었다. 당시에는 지역마다 자신에게 유리하도록 만들어진 수많은 측정 단위들이 존재했다.

혁명은 모든 사람들이 사용할 수 있는 통일적인 측정 체계를 필요로 했다. 통일적인 측정 체계에 대한 필요성은 혁명 이전에도 알려져 있었는데, 이는 혁명 후에 측정 체계의 통일을 실현할 수 있는 토양이 되었다. 1789년에 루이 16세가 급하게 소집한 삼부회에 제출된 불만 목록에는 부르주아와 농민이 주축이 된 제3 신분이 통제하는 통일적 측정 체계도 포함되어 있었다. 측정 체계는 부르주아와 농민의 삶과 직결된 중요한 문제였다. 재단사들은 '같은 무게 단위와 동일한 법률 체계, 그리고 동일한 세금'을 요구했고, 대장장이들은 '같은 무게 단위와 동일한 측정 체계, 그리고 동일한 법률'을 요구했다.

이러한 요구들이 1700년대 말에 파리에서 측정을 위한 여섯 가지 단위들로 이루어진 10진 미터법 체계가 만들어지도록 하는 데 일조했다. 길이 단위로는 미터, 면적 단위로는 헥타르, 부피 단위로는 스테르(큐빅 미터와 같음), 액체 부피를 측정하는 단위로는 리터, 무게 단위로는 그램, 그리고 돈의 단위로는 프랑이 결정되었다. 이 여섯 가지 단위들 중에서 현재 우리가 사용하고 있는 단위 체계에 남아 있는 것은 무게의 단위인 그램(킬로그램)과 길이의 단위인 미터뿐이다. 이들 두 단위는 프랑스 혁명의 산물이라고 할 수 있다.

길이의 단위인 미터는 1791년 3월 30일에 개최된 국민회의에서 파리를 지나는 경도를 따라 측정한 적도에서 북극까지 거리의 1000만 분의 1로 결정되었다. 그러나 프랑스에서 공식적으로 미터법 체계가 공포된 것은 반세기가 지난 후였다. 프랑스에서 시작된 미터법 체계가 국제적으로 받아들여지기 위해서는 지역적 경계와 국가 사이의 경계를 넘어야 하는 어려움이 있었다. 이러한 어려움을 극복하고 1875년 5월 20일에 파리에서 17개 국가가 미터 협약에 서명했고, 이는 측정과 관련된 문제를 다루는 영구적인 기관으로 자리 잡았다. 그 후 새롭게 설립된 국제도량형국에 의해 측정학 관련 연구와 협력이 활발히 이루어졌다.

……………………

1960년 10월에는 두 가지 중요한 일이 있었다. 두 번째 사건은 토요일이었던 10월 15일 함부르크 키르헨알레가 57번지에서 일어났다. 그날 아쿠스틱 스튜디오에서 비틀스의 존, 폴, 조지, 그리고 링고가 조지 거슈윈George Gershwin이 작곡한 〈서머타임Summertine〉을 취입했다. 첫 번째 사건은 수요일인 10월 12일에 파리에서 11차 국제도량형국 회의가 개최된 것이었다. 이 회의에서 진정한 의미에서 최초의 통일된 단위 체계인 국제단위계SI가 정의되었다. 통일된 측정 체계를 확립하기 위한 길고 어려웠던 노력이 결국 성공을 거둔 것이다.

국가 사이의 경계가 더욱 공고해졌던 냉전의 와중에서도 측정의 경계는 허물어졌다. 사람들은 두 번째 사건이 20세기 인류 문명사에 더 큰 영향을 주었다고 생각하지만, 인류와 우주 사이의 대화를 극적으로 바꾸어 놓은 것은 첫 번째 사건이었다.

국제단위계는 길이 단위인 미터, 시간 단위인 초, 질량 단위인 킬로그램, 온도 단위인 캘빈, 전류 단위인 암페어, 그리고 밝기 단위인 칸델라의 여섯 가지 기본 단위를 바탕으로 하고 있었다. 그러나 1971년에 물질의 양을 나타내는 단위로 몰이 추가되었다. 몰은 특히 화학에서 많이 사용하는 단위이다. 마침내 인류는 측정을 위한 든든한 기반을 마련했다. 이 일곱 가지 기본 단위는 우리가 살아가는 좁은 세상은 물론, 원자보다 작은 세상에서부터 우주 끝까지 측정하는 공동의 언어가 되었다.

현대 사회, 과학, 그리고 기술은 측정이 없으면 존재할 수 없다. 시간, 길이, 속력, 방향, 무게, 부피, 온도, 압력, 힘, 에너지, 빛의 밝기, 일률과 같은 물리량은 일상적으로 정밀한 측정이 이루어지고 있는 대표적인 물리량들이다.

측정은 우리 생활의 모든 면과 연관되어 있다. 우리는 측정의 중요성을 제대로 인식하지 못하고 살아가지만, 측정이 제대로 이루어지지 않거나 가능하지 않게 되면 측정이 얼마나 중요한지 깨닫게 될 것이다.

시간을 측정할 수 없으면 아침에 알람이 작동하지 않을 것이고,

부피를 측정할 수 없게 되면 자동차에 얼마나 많은 연료가 남아 있는지 알 수 없을 것이다. 위치나 속력을 측정할 수 없으면 우리가 타고 있는 기차나 비행기가 안전하게 목적지에 도착할 수 없을 것이다. 우리 몸의 기능을 측정할 수 없으면 우리는 건강 상태를 알 수 없고, 전기를 측정할 수 없으면 전기 장치들이 제대로 작동할 수 없을 것이다.

프랑스 혁명정부가 10진 미터법 체계를 확립한 후 과학과 기술은 커다란 진전을 이루었다. 오늘날에는 고도로 정밀화된 측정 장치들이 새로운 이론을 찾아내거나 증명하는 것을 가능하게 하고 있다. 힉스 보존이나 중력파를 측정해 노벨상을 수상하도록 한 것도 이런 측정 장치들이었다. 정밀 측정 장치들은 첨단 과학에서는 없어서는 안 될 장비이다. 이런 장치들은 우리의 건강을 위협하는 바이러스와 싸우는 무기가 되고 있으며, 또한 우리가 늘 사용하는 스마트폰이나 지구 궤도를 돌고 있는 인공위성이 제대로 작동하도록 하고 있다.

현대의 모든 측정은 누구나 측정 가능한 현상이나 표준과 관련된 물리량을 바탕으로 정의된 국제단위계를 이용하여 이루어지고 있다. 예를 들어 1미터는 원래 적도에서 북극까지 거리의 1000만분의 1로 정의되었다. 실용적인 이유로 1889년에 이는 국제도량형국에 보관되어 있는 백금과 이리듐 합금으로 만든 막대에 새겨져 있는 두 눈금 사이의 거리로 새롭게 정의되었다. 이 미터원기는 지구상에서 이루어지는 거리 측정의 기준으로 사용되었다.

1초는 지구의 자전 주기를 나타내는 평균 태양일을 바탕으로 정의되었다. 그러나 1960년에 하루의 길이가 변해간다는 것을 알게 된 과학자들은 이러한 정의로는 정밀한 측정이 가능하지 않다고 생각하고, 지구가 태양을 도는 주기인 평균 태양년을 바탕으로 새롭게 정의하였다. 몇 년 후 1초는 다시 바닥 상태에 있는 세슘-133이 내는 전자기파의 주기를 이용하여 새롭게 정의되었다.

국제도량형국에는 킬로그램원기인 IPK가 보관되어 있다. IPK는 90%의 백금과 10%의 이리듐으로 만든 지름과 길이가 약 4센티미터인 원통이다. 이 킬로그램원기는 4℃ 증류수 1리터의 질량으로 정의되었던 1킬로그램의 정의를 대체했다.

아무리 조심스럽게 취급해도 금속으로 만든 막대나 원통의 질량은 시간이 지남에 따라 달라진다. 1889년에 5개의 킬로그램원기 복제품이 만들어졌다. 이 복제품의 무게는 100년이 조금 넘는 시간 동안에 100만분의 50 밀리그램의 변화가 있었다. 이것은 소금 알갱이 하나의 질량 정도여서 큰 문제가 될 것 같지 않았다. 그러나 킬로그램이 힘이나 에너지와 같은 유도 단위의 기초가 된다는 것을 감안하고 현대 과학이 요구하는 정밀도를 생각하면 이러한 차이는 전체 단위 체계를 무너뜨릴 수도 있다.

인공적으로 만든 원기는 그것을 만든 사람들의 기술적 한계를 극복할 수 없다. 따라서 현대 과학이 필요로 하는 확실성과 정밀성을 만족시킬 수 없다. 과학자들은 인공적으로 만든 원기를 계속 사용한다면 정밀한 측정이 가능하지 않은 과학의 암흑시대가 초래될 수도 있다는 것을 알게 되었다.

2018년 11월 16일 과학자들은 이러한 문제를 해결하기 위해 국제단위계를 새롭게 정의하기로 했다. 이제 더 이상 인공적으로 만든 물체나 시간에 따라 변해가는 현상이 아니라, 기초적인 물리 법칙이나 이론에 포함되어 있는 물리 상수를 측정 단위의 기준으로 삼기로 한 것이다. 따라서 진공에서의 빛의 속력이나 플랑크 상수와 같은 상수들이 측정 단위의 기준이 되었다. 빛의 속력은 전자기학과 상대성 이론의 기초를 이루고 있고, 플랑크 상수는 양자역학에서 핵심 역할을 하고 있는 상수이다.

이 새로운 단위의 정의는 진정한 의미의 코페르니쿠스적 혁명이라고 할 수 있다. 과거에는 이 상수들이 인공 구조물을 기반으로 하고 있는 단위를 이용하여 측정을 통해 결정되었다. 2018년 11월에 이 과정이 반대 방향으로 바뀐 것이다.

이제는 기본적인 물리 상수를 바탕으로 국제단위계의 단위들을 결정하게 되었다. 국제단위계의 단위들이 인공 구조물이 아니라 물리 상수를 바탕으로 하게 되자 우주를 지배하는 자연법칙이 확고

한 기반을 가지게 되었다. 이 상수들은 우리가 보고 만질 수 있는 인공 구조물보다 훨씬 더 정밀하고 든든한 단위 체계를 가능하게 했다. 이것은 과학계를 뒤흔들 만한 거대한 혁명일 뿐만 아니라 인류 문명사에 한 획을 그을 만한 사건이다. 그럼에도 불구하고 아직 많은 사람들이 충분이 그 중요성을 인식하지 못하고 있는 이 혁명이 이 책에서 다룰 주제이다.

측정을 위한 일곱 가지 기본 단위는 자연을 위한 찬가이다.

# 1 길이를 재는 '미터'

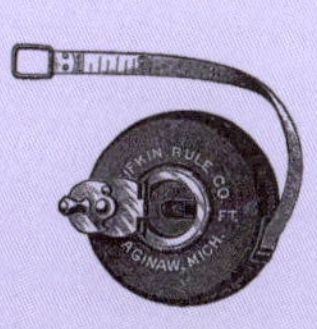


Meter

## 머서가
## 112번지

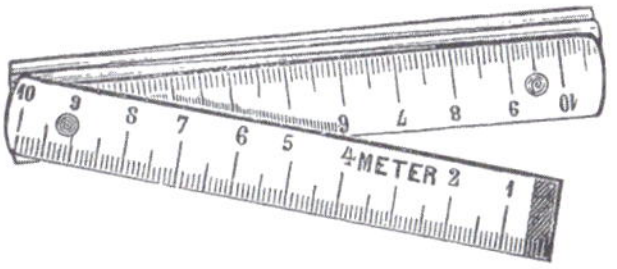


뉴저지주 프린스턴에 있는 머서가 112번지에서 펜실베이니아주에 있는 링컨대학 물리학과까지의 거리는 약 14만 8,000미터이다. 이렇게 말하면 매우 먼 거리처럼 느껴진다. 그러나 이것을 148킬로미터라고 하면 조금 가깝게 느껴질 것이다. 오늘날 널리 사용되고 있는 구글 지도를 이용하면 이 거리를 자동차로 달리는 데는 1시간 45분이 걸린다는 것을 알 수 있다. 그러나 1946년에는 이 거리를 여행하는 데 이보다 훨씬 더 긴 시간이 걸렸다. 따라서 건강에 문제가 있던 70대 노인에게는 이 거리를 여행하는 것이 쉽지 않은 일이었을 것이다. 게다가 이 여행이 그가 그다지 매력을 느끼지 못했던 명예박사 학위를 받기 위한 여행이었다면 이 여행을 거절했다 해도 조금도 이상하지 않았을 것이다. 당시 링컨대학은 학생이 250명밖에 안 되는 작은 대학이었다.

그럼에도 불구하고 노벨상 수상자였던 알베르트 아인슈타인Albert Einstein은 즐거운 마음으로 이 초청을 수락했다. 그는 "1946년 5월 3일에 있었던 이 초청은 받아들일 만한 충분한 가치가 있는 것이었다."고 말했다. 링컨대학은 작은 규모뿐만 아니라 다른 면으로도 사람들의 입에 오르내리고 있었다. 이 대학은 흑인 학생에게 학사 학위를 수여한 최초의 미국 대학이었다. 1854년에 설립된 링컨대학은 검은 프린스턴대학이라는 별명을 가지고 있었다. 설립자와 최초 교수진이 프린스턴대학 출신이었기 때문이기도 했지만, 뉴저지주에 있는 훨씬 유명한 대학인 프린스턴대학은 20세기 초까지도 흑인 학생과 여성을 받아들이지 않았기 때문에 붙여진 별명이었다.

제2차 세계대전이 끝난 후에도 인종차별이 아직 남아 있었다. 대부분의 미국 백인들은 이 문제를 애써 외면하려고 했지만, 아인슈타인의 목소리는 크고 분명했다. 1937년에 그는 이미 이 문제에 대한 자신의 태도를 확실히 밝혔다. 20세기의 가장 유명한 오페라 가수 중 한 사람인 마리안 앤더슨Marian Anderson이 프린스턴을 방문했을 때, 피부색을 이유로 호텔을 잡을 수 없게 되자 아인슈타인이 그를 따뜻하게 환대했다. 1946년에 주로 백인들이 보는 잡지인 《패전트Pageant》에 실린 글에서 아인슈타인은 인종차별에 대해 언급하면서 "내가 미국에 대해 더 많이 알면 알수록 이 문제가 나를 고통스럽게 한다."라고 말하고, "이 문제를 공개적으로 말함으로써 조금은 이런 고통에서 벗어날 수 있다."고 덧붙였다.

1946년 5월 3일에 있었던 명예박사 학위 수여식에서 아인슈타인이 한 감사 연설은 그 후 유명해졌다. 수여식에 참석했던 학생들은 수척하면서도 검소했던 아인슈타인이 성경 속에서 튀어나온 인물처럼 보였다고 회상했다. 아인슈타인은 인종차별과 분리주의를 강력하게 비판하면서 “이것은 흑인이 가지고 있는 질병이 아니라 백인이 가지고 있는 질병이다. 나는 이에 대해 침묵하지 않을 것이다.”라고 말했다.

버스에서 앞좌석과 뒷좌석을 분리하는 몇 미터의 간격을 없애는 운동이 시작된 것은 그로부터 9년이 지난 후였다. 앞좌석은 백인만을 위한 것이어서 흑인은 뒷좌석에만 앉을 수 있었다. 용감한 로자 파크스Rosa Parks가 흑인 좌석에 앉기를 거부함으로써 시작된 이 운동은 현대 인권운동의 시작을 알리는 것이었다. 그러나 아인슈타인은 1955년 12월 1일에 시작된 이 운동을 보지 못했다. 현대 물리학 혁명에서 주도적인 역할을 했던 아인슈타인은 그해 4월 18일 세상을 떠났기 때문이다. 상대성 이론으로 그는 자신의 생각뿐만 아니라 인류의 지식을 크게 바꾸어 놓았다. 아인슈타인은 그의 이론을 바탕으로 한 연구를 통해 노벨상을 수상한 많은 사람들에게 영감을 주었다. (역설적이게도 정작 아인슈타인은 상대성이론으로 노벨상을 수상하지 못했다.) 그는 또한 예술가, 철학자, 지성인들에게 새로운 기준을 제공했고, 물리학의 우상이 되었다.

아인슈타인의 혁명은 측정 단위에도 큰 영향을 주었다. 상대성 이론은 특정한 현상을 설명하는 이론이 아니라, 모든 물리 현상이 일어나고 있는 무대인 시공간의 성질을 다루는 이론이다. 상대성 이론은 자연이 말해주는 큰 이야기의 일부분이 아니라, 이야기 전체에 적용되는 일반적인 규칙을 설명해 준다. 상대성 이론은 공간과 시간에 대한 이론이어서 모든 이론에 우선하기 때문에 모든 다른 이론들은 상대성 이론과 모순이 없어야 한다.

수천 년 동안 인류는 우리 주위에 있는 세상과 자연을 좀 더 잘 기술하고 이해하기 위해 통일적인 측정 단위 체계를 만들려고 시도해 왔다. 공간의 성질을 새롭게 규정한 상대성 이론이 길이의 단위인 미터를 정의하는 새로운 기준이 된 것은 놀라운 일이 아니다. 미터라는 명칭은 측정 자체를 상징하는 이름이었다. 그것은 언어학적으로 보아도(미터**meter**는 측정이라는 뜻을 가진 메트론**metron**이라는 그리스어에서 유래함), 또 1875년 파리에서 17개국이 서명한 첫 번째 국제단위 협약을 미터 협약이라고 부르는 것만 보아도 알 수 있다. 미터 협약은 인류 문명이 태동하던 시기에 시작해 수천 년 동안 진행해 온 통일적 단위 체계를 향한 행진이 이룩한 가장 위대한 역사적인 성과물이었다.

## 나일강에서 티베르까지

시간, 질량과 함께 길이의 측정은 가장 오랜 역사를 가지고 있다. 따라서 사람들에게 가장 익숙한 측정

중 하나이다. 길이의 측정은 경작과 같은 기본적인 생존 활동과 직결되어 있다. 고대 이집트에서는 경작지를 측정하는 것이 매우 중요했다. 이집트의 기하학은 경작지 측량과 밀접한 관계를 가지고 있었다. 매년 우기가 되면 나일강이 범람해 경작지들이 물에 잠겼고 강물이 날라온 황토로 뒤덮였다.

이 퇴적물은 경작지를 기름지게 만들어 주었지만, 홍수로 넘쳤던 물이 빠지고 나면 이집트인들은 경작지의 경계를 새롭게 정해야 했다. 역사가 헤로도투스Herodotus가 지적했던 것처럼 이집트에서 기하학을 발전시킨 동기는 순수하게 경제적인 것이었다. 기원전 1850년경에 이집트를 통치했던 센워스레트 3세Senwosret III는 신하들에게 경작 가능한 땅을 분배하기 위해 토지를 1제곱 파셀로 나누었다. 이에 대해 헤로도투스는 다음과 같이 기록해 놓았다.

> 왕(센워스레트)은 이집트인들에게 같은 크기의 땅을 나누어주고 그에 따른 세금을 부과했다. 홍수가 경작지의 일부를 휩쓸고 지나가면 땅 주인은 왕에게 가서 그 일을 보고했고, 왕은 담당자를 보내 얼마나 많은 토지가 줄어들었는지 조사하도록 했다. 이에 따라 땅 주인은 남아 있는 땅의 크기에 따른 세금을 납부할 수 있었다. 나는 이런 과정을 통해 이집트에서 발달한 기하학이 그리스로 전해졌다고 믿는다.

경계를 정하는 것은 누구에게 세금을 부과할지를 결정하기 위해 해야 할 가장 중요한 일이었다. 따라서 이집트 정부는 토지에 대해 자세하게 기록을 하고 이를 계속 수정하고 보완했다. 그리스인들은 이런 일을 하는 관원을 줄을 늘어뜨리는 사람이라고 불렀다. 이처럼 측량사는 오랜 역사를 가지고 있는 직업이다. 고대에 그들의 주요 장비는 줄이었다. 두 점 사이에 줄을 늘어뜨려 직선을 만들고 길이를 측정했는데, 이것은 현대에도 사용하고 있는 방법이다. 그들은 줄의 한 점을 고정하고 다른 쪽 끝을 돌려 원을 그리기도 했다. 그들은 정밀한 측정을 위해 노력했는데, 여기에는 관원이나 세금 징수자가 공동으로 사용할 수 있는 측정 단위를 만드는 일도 포함되었다. 그들이 가장 쉽게 사용할 수 있었던 단위는 사람을 기준으로 한 것이었다. 사람의 신체 부위 길이보다 더 쉽게 접근할 수 있는 길이의 기준은 없을 것이다. 팔꿈치에서부터 손가락 끝까지의 길이를 나타내는 이집트 큐빗은 이집트뿐만 아니라 로마를 포함한 여러 고대 국가들에서도 길이의 단위로 널리 사용되었다. 1큐빗은 약 50센티미터에 해당한다.

성서에는 단수형과 복수형을 포함해 큐빗이라는 단어가 모두 179번 등장한다. 그중에서는 창세기 6장에 사용된 큐빗이라는 단위가 가장 널리 알려져 있다. 창세기 6장에는 하느님이 노아에게 방주를 만들라고 하면서 구체적인 방주의 크기를 알려주었다.

잣나무로 너 자신을 위한 방주를 짓되, 그 안에 칸들을 막고 역청으로 그 안팎에 칠하라. 그 방주의 크기는 이러하니, 길이가 300큐빗, 너비가 50큐빗, 높이가 30큐빗이며, 거기에 하나의 창문을 내되 위에서부터 1큐빗이 되도록 하고, 방주의 옆에는 문을 달고 상중하 3층으로 할지니라(창세기 6장 14-16절).

노아의 방주는 길이가 150미터, 너비가 25미터였다. 이 방주의 크기를 짐작하기 위해서는 이탈리아 해군이 훈련용으로 사용하는 길이가 101미터, 너비가 15.5미터인 범선 아메리고 베스푸치Amerigo Vespucci(역자주: 배수량 4,300톤의 범선으로 처음에는 순수한 범선이었지만 현재는 디젤 엔진을 설치한 동력선으로 개조하여 사용하고 있음)호를 생각하면 된다.

나일강 지역에서는 두 가지 큐빗이라는 단위가 사용되었다. 일반 사람들이 사용하던 큐빗은 약 45센티미터였고, 귀족들이 사용하던 큐빗은 일반 큐빗에 파라오의 손바닥 길이를 더한 약 51센티미터였다. 표준 큐빗은 검은 대리석으로 만든 표준 막대를 이용해 나타냈다. 작업 현장에서는 나무나 돌로 이 표준 막대를 복제하여 만든 자들이 사용되었다. 이렇게 만든 자 중에는 현재까지 남아 있는 것도 있다.

큐빗의 길이를 정밀하게 측정할 수 있는 능력으로 인해 거대한 피라미드를 만드는 것이 가능했다. 헤로도투스는 피라미드 건설에

10만 명의 노동력이 투입되었다고 기록해 놓았지만, 이는 과장된 것으로 보인다. 믿을 수 있는 연구 결과에 의하면 피라미드 건설에 동원된 인원은 1만 명 정도였을 것으로 추정된다. 기자Giza 지구에 있는 피라미드를 만든 사람들은 스마트폰이나 컴퓨터를 가지고 있지 않았지만 그들이 만든 피라미드의 각 변의 길이는 거의 정확하게 일치한다. 한 변의 길이가 약 230미터인 네 변의 길이의 오차가 10센티미터에 불과하다. 이것은 4,500년 후에 화성의 대기와 기후를 조사하기 위해 화성에 보낸 1억 2,500만 달러를 들인 마스 클라이미트 오비터Mars Climate Orbiter도 달성하지 못한 정밀도이다. 이 탐사선이 화성 부근에 도달했을 때, 지구에서 이 탐사선의 활동을 모니터하고 있던 컴퓨터 중 하나가 영국 단위로 계산한 명령을 탐사선으로 송신했다. 탐사선에 실려 있던 컴퓨터는 미터법 체계를 이용한 프로그램으로 운용되고 있었는데, 1미터와 1야드 사이에는 10% 정도의 차이가 있다. 이 10%의 차이로 인해 이 탐사선은 화성에 충돌하고 말았다.

거리 측정의 중요성을 잘 알고 있었던 또 다른 문명은 로마제국이었다. 로마는 전 제국을 연결하는 도로망을 건설했다. 로마의 전성기에는 로마가 건설한 도로의 길이가 8,000킬로미터에 달했다. 이런 엄청난 길이의 도로를 건설하기 위해서는 거리 측정이 필수였다. 그들은 도로 곳곳에 로마나 부근에 있는 대도시로부터의 거리를 나타내는 돌로 만든 거리 표지판을 설치했다. 도로의 거리를 나타내는 단위는 마일mile이었다. 마일이라는 말은 1,000걸음을 의미하는 라틴어 '밀리아 파숨milia passuum'에서 유래했다. 로마에서 1파숨은 1.48미터였으므로 1마일은 1.48킬로미터였다.

실제로 한 걸음의 길이를 측정해 보면 로마인이 아주 긴 다리를 가지고 있었지 않나 하는 생각이 든다. 실제로 우리의 한 걸음은 70센티미터 정도이다. 로마의 한 걸음이 이보다 두 배나 더 긴 것은 로마인들은 걸어갈 때 한 발이 땅에서 떨어지는 지점에서부터 다음번 그 발이 다시 땅에서 떨어지는 지점까지의 거리를 한 걸음으로 보았기 때문이다. 다시 말해 한 발이 땅에서 떨어지는 지점부터 다른 발이 땅에서 떨어지는 지점까지의 거리를 나타내는 우리의 한 걸음의 두 배에 해당했다.

"모든 길은 로마로 통한다."라는 말이 전해지고 있지만 거리 표지판이 항상 로마에서부터의 거리를 나타내지는 않았다. 때로는 거리 표지판이 도로가 시작된 도시에서부터의 거리를 나타내기도 했고, 로마에서부터의 거리와 도로가 시작된 도시로부터의 거리를 모두 나타내기도 했다. 런던 출신으로 미국에서 활동했던 고전학자 고든 랭Gordon J. Laing의 연구에 의하면, 로마에서 남쪽으로 향하는 비아 아피아Via Appia나 북쪽으로 향하는 비아 에밀라Via Emilia와 같이 이탈리아 중부에 건설된 도로에는 로마에서부터의 거리를 나타내는 거리 표지판이 설치되었다. 로마에서부터 가장 먼 거리가 기록되어 있는 거리 표지판은 프랑스 나르본 근처 이탈리아의 토리노와 스페인을 연결하는 도로인 비아 도미티아Via Domitia에 설치된 것이었다. 이 표지판에는 로마까지의 거리는 917마일로 표시되어 있고, 나르본까지의 거리는 16마일이라고 표시되어 있었다. 재미있는 것은 이 표지판에는 로마까지의 거리가 898마일이라는 세 번째 거리도 적혀 있는데, 이것은 다른 길을 이용해서 갔을 때 로마까지의 거리를 나타낸 것으로 보인다. 이는 우리가 자주 사용하는 GPS가 두 가지 다른 경로를 보여주는 것과 같다고 할 수 있을 것이다. 태양 아래 새로운 것은 없다.

## 일어나라, 젊은이들이여!(프랑스 혁명)

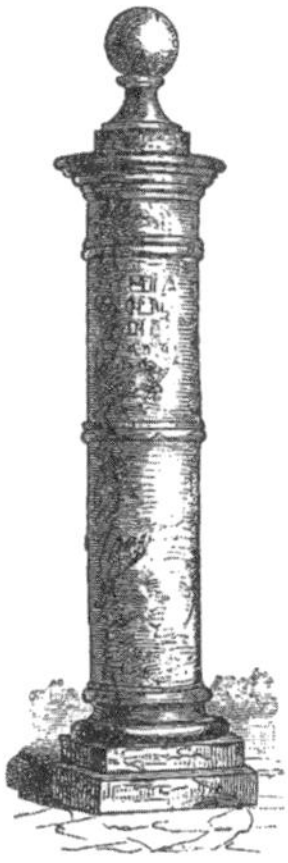

잠시 숨을 가다듬고 거리 표지판에 새겨져 있는 숫자들의 의미에 대해 생각해 보자. 오늘날에는 거리가 여행을 하는 데 도움을 주는 실용적인 의미를 가지고 있지만, 고대에는 권력과 소속을 나타냈으며 중앙정부가 그들의 존재를 과시하기 위해 군대를 효과적으로 보내는 길을 의미했다. 가장 멀리 떨어져 있는 제국의 변방에서도 로마까

지의 거리는 지배자들은 물론 이 도로를 이용해 군대를 보내는 사람들에게 중요한 정보를 제공했다. 그러나 로마의 도로는 로마인이 아니더라도 누구나 이용할 수 있었다.

로마는 권력의 중심지였고 누구나 오고 갈 수 있는 장소였다. 거리 표지판은 정부가 이 영역을 관리하고 있음을 의미했다. 로마에서부터의 거리는 통치 권력이 있는 장소로부터의 거리를 나타내는 동시에, 제국 내 어디에서도 거리를 같은 단위를 이용하여 나타낸다는 것을 보여주었다.

로마제국이 멸망하자 제국 전체에서 공동으로 사용하던 측정 단위 체계가 붕괴되었다. 따라서 그 후 수세기 동안 각 지역마다 다른 거리 측정 단위가 사용되었다. 모든 공동체는 자체적으로 정한 단위들을 사용하기 시작했다. 그들은 사람이 많이 모이는 장소에 자신들이 사용하는 단위를 나타내는 돌로 만든 표준 자를 전시해 놓았다. 이런 표준 자들 중 상당수가 오늘까지 남아 있다.

이탈리아에서는 파두아, 세니갈리아, 살로, 세스나 등지에서 이러한 유물을 발견할 수 있다. 예를 들면 파두아의 중앙 광상 중 하나에는 밀가루, 곡물, 벽돌, 그리고 천을 측정하는 단위들이 새겨져 있는 1277년에 만든 돌로 만든 표지판이 남아 있다. 이 표준 단위들은 매매 당사자 사이에 있을 수 있는 분쟁을 방지하기 위한 것이었다. 재미있는 것은 이 표지판이 있는 곳을 '캔툰 디 부지Cantoon dee busie'

라고 불렀는데 이는 '거짓말 코너'라는 뜻을 가지고 있었다. 이곳은 누가 다른 사람을 속이려고 했는지를 알아내는 장소였다. 프랑스만 해도 25만 가지가 넘는 측정 단위들이 사용되었다.

새로운 단위들이 모두 창의적인 것은 아니었다. 많은 단위들이 아직도 인체의 일부분, 특히 지역 통치자의 팔이나 손, 또는 발의 길이를 사용했다. 따라서 단위가 통용되는 범위가 고대 이집트에서보다도 좁았고, 이것은 여러 가지 심각한 문제를 야기했다. 여러 곳을 돌아다니면서 로프나 천을 파는 상인들은 오늘날에는 생각하지도 못했던 문제들과 부딪혀야 했다.

가격이 미터당 얼마라고 매겨져 있는 경우, 모두 같은 길이의 단위를 사용하는 오늘날에는 어느 지방에 가더라도 같은 가격으로 거래를 할 수 있다. 그러나 지방마다 서로 다른 단위를 사용하던 중세에는 지역이나 도시에서 사용하는 단위에 따라 가격을 환산해서 정해야 했다. 이 과정에서 사람들을 속이는 경우도 나타났다. 이처럼 단위가 통일되어 있지 않으면 다른 지역과의 상거래가 어려울 수밖에 없다. 따라서 경계나 소유지의 측정에서 사회적 약자들은 강자에게 휘둘릴 수밖에 없었다.

완전한 민주주의의 가장 중요한 요소는 누구나 과학적 아이디어에 접근할 수 있는 기회를 갖는 것이다. 아니면 적어도 그런 사회가 되도록 노력해야 한다. 근래에 있었던 사건들은 과학이 시민의 공동 유산의 일부라는 인식이 민주주의의 가장 중요한 요소라는 것을 잘 보여주고 있다. 최근의 경험에 의하면 이것은 필요 조건이 아니라 필수 조건이다. 갈릴레이가 시작한 과학 방법의 혁명과 이 혁명의 전파는 측정 단위를 통일하는 계기가 되었다. 통일적인 단위는 모든 사람의 이익을 보호한다. 시간이 지남에 따라 과학 공동체는 실험과 관찰 결과를 비교하고 재현할 수 있는 단위 체계의 필요성을 절감하게 되었다. 갈릴레이 이후 과학자들은 통일된 단위 체계가 과학 발전의 핵심 요소가 된다는 것을 인식하였다.

그러나 여러 세기가 지난 후에야 보편성을 추구한 프랑스 혁명의 정서가 측정 단위를 극적으로 변화시킬 수 있었다. 표준화되어 있지 않은 지역적인 단위들은 일부 부유하고 권력 있는 사람들에게 유리했다. 프랑스 혁명정부는 모든 사람이 공동으로 사용할 수 있는 단위 체계를 만들고자 했다. 18세기 말에 파리에서 현재 우리가 사용하고 있는 단위 체계의 모태가 되는 10진 미터법 체계가 만들어진 것은 우연한 일이 아니었다.

혁명정부는 이전의 전제 군주나 종교적 영향력으로부터 완전히 벗어나고 싶어 했다. 그들은 종교적 축일을 의미 없게 만들기 위해 새로운 10진법 달력을 만들기도 했다. 이런 시도가 모두 성공한 것은 아니었지만, 이때 만들어진 두 가지 단위는 현재까지 살아남았을 뿐만 아니라 현재 우리가 사용하고 있는 단위 체계의 기반이 되었다. 이 두 가지 단위는 미터와 킬로그램이다.

1791년 3월 30일 개최된 국민회의에서 1미터를 파리를 지나는 자오선을 따라 적도에서 북극까지 거리의 1,000만분의 1로 정의했다. 따라서 1미터의 길이를 정하기 위해서는 적도에서 북극까지의 거리를 실제로 측정해야 했다. 장 밥티스트 델랑브르Jean-Baptiste Delambre와 피에르 메체인Pierre Méchain이 이 거리를 측정하는 임무를 맡았다. 그들은 적도에서 북극까지 거리의 10분의 1에 해당하는 프랑스의 덩케르크에서 스페인의 바르셀로나까지의 거리를 측정하기로 했다. 대부분이 평평한 땅으로 이루어진 이 지역은 측정에 유리했다. 두 과학자는 1792년에 측정을 시작했다. 델랑브르는 프랑스의 덩케르크에서 로데즈에 있는 성당까지의 거리를 측정했고, 메체인은 로데즈에서 바르셀로나까지의 거리를 측정했다. 그들은 이 일을 1년 안에 끝낼 수 있을 것이라고 예상했지만, 실제로는 6년이 걸렸다. 이 일이 생각했던 것보다 어려웠을 뿐만 아니라 혁명의 혼란이 그들의 작업을 방해했기 때문이었다.

1798년에 그들은 측정 결과를 파리로 가져왔고, 이를 바탕으로 1미터의 크기가 정해졌다. 백금으로 만든 1미터를 나타내는 표준자는 미터원기mètre des archives라고 불리게 되었다. 1799년 1월 22일에 미터원기가 국립 문서보관소National Archives에 보관되었다. 실용적으로 사용할 미터원기의 복제품도 여러 개 만들어졌다. 새로운 단위가 널리 사용되도록 하기 위해 파리 곳곳에 1미터의 길이를 나타내는 시설물들을 설치했다. 이때 설치된 시설물들 중 일부가 아직 남아 있는데, 뱅가드가 36번지와 벤돔 13번지에 가면 볼 수 있다.

그러나 오랜 관습을 바꾸는 것은 쉽지 않았다. 새로운 단위를 사용하게 하려는 정부의 노력에도 불구하고 많은 사람들은 예전의 단위를 계속 사용했다. 1812년에는 나폴레옹이 미터법을 사용하도록 한 법을 폐기했다. 그러나 나폴레옹이 물러난 후인 1837년에 미터법을 사용하도록 한 법률이 다시 제정되었고 1840년부터 실행되었다. 그럼에도 불구하고 19세기 중엽이 되어서야 프랑스에서 미터법이 자리를 잡게 되었고, 유럽의 다른 지역으로 전파되기 시작했다.

이탈리아에서 10진 미터법 체계를 도입하는 법안을 통과시킨 것은 1861년 7월 28일이었다. 이탈리아에서도 미터법이 널리 사용되기까지는 오랜 시간이 걸렸다. 중앙정부는 지역 주민들이 미터법을 사용하도록 시장에게 압력을 가했고, 1미터의 크기와 기존 단위와의 환산 값이 기록된 특수 제작된 게시물이 공공장소에 전시되었다. 미터법을 확신시키는 데 공립학교도 중요한 역할을 했다. 1860년대에 사용했던 이탈리아 초등학교 교과 과정 해설에는 다음과 같은 내용이 포함되어 있었다.

교사는 학생들에게 미터법을 간단하게 설명한다. 학생들에게 새로운 측정 단위의 이름을 가르치고, 미터라는 단위의 의미를 자세히 설명하며, 미터라는 단위로부터 이전의 단위들을 유도하는 방법과 그 값을 알려준다.

모든 4학년 이하 학생들을 가르치는 교사들은 기초 교육 과정에서 가장 중요한 과목은 교리 문답과 종교의 역사, 이탈리아어 문법, 작문, 산수, 10진 미터법이라는 것을 숙지한다. 따라서 이런 과목들에는 특별히 관심을 가져야 하며, 이런 과목들의 교육 준비에 많은 시간을 할애한다.

이렇게 되어 모든 준비가 끝나고 한 걸음 한 걸음(아니면 1미터 1미터) 혁명의 완성을 위해 앞으로 나가는 일만 남게 되었다. 1875년 5월 20일에는 파리에서 17개국 대표들이 미터 협약에 서명했다. 미터 협약에 의해 측정과 관련된 모든 문제들에 대해 각국이 공동으로 대처하는 기관들이 설립되었다. 과학과 기술의 발전에 발맞춘 국제적인 단위 체계의 수립을 논의할 국제도량형총회CGPM가 설치된 것도 이 협약에 의해서였다.

같은 시기에 측정 단위의 기술적인 문제를 연구하는 기관인 국제도량형국BIPM도 설립되었다. 파리 근교에 있는 세브르에 위치한 국제도량형국에서는 측정과 관련된 중요한 문제들을 다루며, 국제 단위 체계와 관련된 문서를 관리하는 일을 하였다. 실제로 비틀림을 방지하기 위해 단면이 X-자 형태(발명자 헨리 트레스카Henri Tresca의 이름을 따라 트레스카 단면이라고 불림)로 되어 있는 백금과 이리듐 합금으로 만든 국제 미터원기도 국제도량형국에 보관되어 있다. 1875년에 끝부분이 마모되어 길이가 변화되는 것을 방지하기 위해 미터원기에 표시되어 있는 두 눈금 사이의 거리로 정의되었다. 따라서 미터원기의 전체 길이는 1미터보다 길다.

미터원기는 전 세계에서 사용되는 모든 자의 기준이 되었다. 미터원기의 복제품이 만들어져 미터 협약에 가입한 각 나라에 배포되었다. 1890년 1월 2일에 미국의 벤저민 해리슨 대통령이 받은 미터원기 복제품은 27번째 복제품이었다.

## 끝을 향한 시작

1875년에 미터원기를 만든 사람들은 이 금속 막대가 오랫동안 길이 단위의 기준으로 사용될 수 있을 것이라고 믿었다. 그러나 백금과 이리듐의 합금으로 만든 미터원기가 만들어진 것과 비슷한 시기에 물리학이 새로운 시대로 접어들면서 혁명의 산물인 이 금속 막대를 대신할 새로운 미터의 기준이 등장하게 되었다. 19세기 말과 20세기 초에는 현대 과학과 기술의 기반이 되는 새로운 발견이 연속적으로 이루어졌다.

전자기학을 통합적으로 이해할 수 있게 된 것도 이러한 발견

중 하나였다. 스코틀랜드 출신의 물리학자 제임스 맥스웰James Clerk Maxwell은 1873년에 자신이 출판한 《전자기학Treatise on Electricity and Magnetism》이 과학계에 큰 충격을 줄 것이라고는 생각하지 못했다. 맥스웰 방정식은 전자기학, 특히 전자기파와 관련된 현상을 수학적으로 기술한 것이었다. 맥스웰 방정식은 무지개에서 전기 자동차까지, 스마트폰의 원리에서 하늘이 푸른 이유까지, 그리고 세탁기에서 제네바에 설치되어 있는 유럽원자핵연구소CERN의 입자 가속기 안에서 발견되는 소립자에 이르기까지 우리가 관측할 수 있는 대부분의 현상들을 설명할 수 있는 방정식이다.

맥스웰이 그의 방정식을 이용하여 수학적으로 예측했던 전자기파를 실험을 통해 발견한 독일의 물리학자 하인리히 헤르츠Heinrich Hertz도 전자기파가 미래에 어떻게 사용될 것인지를 잘 알지 못했다. 헤르츠는 그가 발견한 전자기파에 대해 다음과 같이 설명했다.

> 전자기파가 실제로 사용되는 일은 없을지도 모른다. 내가 한 일은 맥스웰의 이론이 옳다는 것을 실험으로 증명한 것이다. 한 마디로 말해 우리는 전자기파가 실제로 존재한다는 것을 알게 되었고, 또 그것을 맨눈으로 볼 수 없다는 것을 알게 된 것이다.

어떤 사람이 헤르츠에게 "앞으로 이 실험의 결과로 인해 어떤 일이 일어날까요?"라고 물었을 때 그는 "내가 생각하기에는 아무 일도 일어나지 않을 겁니다."라고 대답했다. 헤르츠가 상상력이 부족했다고 나무랄 수는 없을 것이다. 당시로서는 누구도 전자기파가 통신, 여행, 요리, 질병의 진단 및 치료와 같이 다양한 분야에 사용될 것이라고 예상할 수 없었다.

19세기 말에는 현대 원자 이론의 길을 여는 새로운 발견들이 이루어져 물질의 구조에 대한 이해가 크게 발전했다. 1895년에 빌헬름 뢴트겐Wilhelm Röntgen에 의한 X선의 발견, 1887년에 헤르츠에 의한 광전 효과(1905년 아인슈타인이 원리를 설명하였고 1921년 노벨상을 받음)의 발견, 그리고 1897년에 영국의 조지프 J. 톰슨Joseph J. Thomson에 의한 전자의 발견이 그것이었다. 이 발견들은 세상을 이루고 있는 원자들의 내부 구조를 이해하는 길잡이 역할을 했다. 20세기 초에 있었던 양자역학 혁명을 통해 원자는 양성자와 중성자로 이루어진 원자핵과 원자핵 주위를 도는 전자들로 이루어져 있다는 것을 알게 되었다.

금속 막대에 새겨져 있는 두 눈금 사이의 거리를 기준으로 하는 단위의 정밀도로는 물리학이 새롭게 발견한 세상의 일들을 측정하고 기술할 수가 없었다. 미터원기는 인간의 감각 너머에 있는 아주 작은 세상과 무한대처럼 보이는 큰 세상을 측정하는 정밀도에 대한 요구를 만족시키지 못하고 빠르게 과거의 유물이 되어 버렸다. 수십 년 동안에 물리학에서 다루는 세상의 크기가 닐스 보어Niels Bohr가 제안한 원자의 크기인 수십억분의 1미터에서 에드윈 허블Edwin Hubble이 밝혀낸 팽창하는 우주 끝까지의 거리인 수천 조 킬로미터의 거리까지 확장되었기 때문이다.

역설적이지만 국제 미터원기의 운명은 처음 만들어질 때부터 이미 정해져 있었다. 세브르에 보관되어 있는 미터원기는 한편으로는 물리학과 기술 분야에서 이루어진 새로운 발견으로 더 높은 정밀도에 대한 요구의 희생물이 되었으며, 다른 한편으로는 세계화 요구의 희생물이 되었다. 19세기에 상대적으로 좁은 지역인 유럽을 중심으로 만들어진 미터원기가 20세기가 되자 태양이 지지 않는 넓은 과학 세상과 만나게 되었다. 미터원기의 정밀한 복제품을 만드는 것이 가능하다고 해도 그것을 필요로 하는 모든 곳에 항상 있을 수는 없었다. 그리고 그것으로는 새롭게 발견되는 현상들을 충분히 정밀하게 측정하는 것이 가능하지 않았다.

미터원기의 복제품들은 1900년대에 코펜하겐대학 축구팀의 일원이었고, 1908년 런던 올림픽에서 은메달을 딴 덴마크 국가대표 팀의 일원이었던 하랄 보어Harald Bohr가 뛰었던 축구장의 크기를 측정하는 데는 아무 문제가 없었다. 그러나 1913년 철학 학술지 Philosophical Magazine에 〈원자와 분자의 구조에 대하여〉라는 제목의 논문을 발표하여 축구선수였던 형보다 훨씬 더 유명한 과학자가 된 닐스 보어Niels Bohr가 사용하기에는 충분하지 않았다. 현대 양자 이론의 초석을 다진 보어는 원자핵 주위를 돌고 있는 전자를 크기가 약 100억분의 1미터인 초소형 태양계처럼 기술했다. 그는 원자핵 주위를 돌고 있는 전자의 에너지가 양자화되어 있다고 예견했다.

보어가 제안한 원자 모형은 네 가지 가정을 바탕으로 하고 있다. 그중 하나는 원자가 특정한 에너지를 가지는 전자기파를 방출하는 것을 설명하기 위한 것이다. 특정한 에너지를 가지는 궤도 위에서만 원자핵을 돌 수 있는 전자가 한 에너지 궤도에서 이보다 낮은 에너지 궤도로 건너뛸 때 두 궤도의 에너지 차이에 해당하는 전자기파를 방출한다. 보어에 의하면 전자가 방출하는 전자기파의 진동수는 두 궤도의 에너지 차이를 플랑크 상수로 나눈 값과 같다. 물리학의 기본적인 상수 중 하나인 플랑크 상수에 대해서는 뒤에서 다시 다룰 예정이다.

원자에 따라 원자핵을 도는 전자의 에너지 궤도가 다르므로 원소에 따라 방출하는 전자기파의 진동수, 즉 색깔이 다르다. 원소들이 고유한 특성 스펙트럼을 내는 것은 이 때문이다. 주기율표에 있는 모든 원소가 고유한 특성 스펙트럼을 방출하므로 원소가 내는 스펙트럼을 조사하면 그 스펙트럼을 낸 원소의 종류를 알 수 있다. 파스타 요리를 하다가 실수로 불꽃에 국물을 흘리면 국물이 타면서 노란색 불꽃을 내는 것을 볼 수 있는데, 이것은 국물에 소듐이 포함되어 있다는 것을 보여준다. 파스타 국물에 녹아 있는 소금은 소듐과 염소로 이루어진 화합물이다.

국제 미터원기가 도입되고 나서 한 세기도 지나지 않아 미터원기는 원자가 내는 스펙트럼에 자리를 내주게 되었다. 1960년에 1미터는 슈퍼맨의 도움을 받아 새롭게 정의되었다. 슈퍼맨의 작가가 슈퍼맨의 고향 행성의 이름으로 사용한 원자번호 36번 크립톤이 내는 전자기파가 새로운 미터원기가 된 것이다. 크립톤은 네온사인(네온사인이 항상 네온만을 사용하는 것은 아님)을 만들 때 자주 사용되는 불활성 원소이다. 광학의 발전에 따라 원자가 내는 가시광선의 파장을 금속 막대 위의 두 점 사이의 거리보다 훨씬 더 정밀하게 결정할 수 있게 되었다(막대 위에 그은 선의 폭은 아주 작지만 무시할 수 있을 정도로 작지는 않음). 1미터는 크립톤-86 동위원소가 특정한 에너지 준위 사이에서 전이할 때 방출하는 전자기파 파장의 1,650,763.73배로 정의되었다. 다시 말해 이 전자기파를 1,650,763.73개 늘어 놓으면 1미터가 된다. 이 전자기파는 우리 눈에는 붉은 오렌지색 빛으로 보인다.

1960년 10월 14일에 국제도량형총회가 1미터를 새롭게 정의한 것은 길이의 단위가 금속 막대와 같은 인공적인 물체에서 원자가 내는 전자기파와 같은 자연 현상으로 바뀌었음을 의미하는 것이었다. 1미터의 기준이 수명이 한정되어 있는 인공 물체에서 영원히 변하지 않는 자연 현상으로 대체된 것이다. 인공적인 물체 대신에 크립톤이 내는 전자기파의 파장을 길이 단위의 기준으로 정한 것은 물리 상수에 바탕을 둔 새로운 단위 체계로 이행하는 첫걸음이었다.

그러나 크립톤은 미터원기로보다는 슈퍼맨에게 더 잘 어울리는 원소였다. 20여 년이 지난 1983년에 크립톤은 새롭게 등장한 슈퍼스타인 빛의 속력에 미터원기의 자리를 내주게 되었다.

## 새로운 상대성 이론

$$C = const$$

우리는 물리학이라고 하면 두 가지 영상을 머리에 떠올리게 된다. 하나는 헝크러진 머리에 몸에 맞지 않는 옷을 입고 여러 색깔의 양말을 신은 채 이해할 수 없는 수식이 가득 적혀 있는 칠판 앞에 분필을 들고 서 있는 물리학자의 모습이다. 그러나 알베르트 아인슈타인의 링컨대학 방문과 관련된 일화는 물리학자들도 보통의 사람처럼 살아가면서 그가 살아가는 세상에 영향을 주고 있음을 알게 해준다. 1943년에 원자핵 물리학의 또 다른 개척자인 독일의 프리츠 슈트라스만Fritz Strassmann(리제 마이트너, 오토 한과 함께 원자핵의 분열을 발견함)은 추방을 막기 위해 유대인 음악가 안드레아 볼펜슈타인Andrea Wolffenstein을 베를린에 있는 그의 집에 여러 달 동안 숨겨주었다. 슈트라스만은 나치에 반대했다.

나치의 통제 아래 들어간 독일 화학회를 사임한 후 그는 “그동안 화학에 전념해 왔지만 나는 나 자신의 자유를 훨씬 중요하게 생각하기 때문에 화학 대신 돌을 쪼개는 일을 하려고 한다.”라고 말했다. 그러나 돌을 쪼개는 일을 구하는 것은 쉽지 않았다. 하지만 그의 이름은 안드레아 볼펜슈타인에게 해준 일로 인해 제2차 세계대전 중 유대인 학살과 관련된 자료를 수집해서 보관하는 이스라엘의 공식 문서인 야드 바셈Yad Vashem 리스트에 기록되어 있다.

물리학 하면 떠오르는 두 번째 영상은 방정식들이다. 물리학이 쉬운 학문이 아닌 것은 확실하지만, 물리학에서 가장 중요한 발견들은 다음 식과 같이 아주 간단하고 아름다운 식으로 나타내는 경우가 많다.

$$c = \text{상수}$$

이렇게 간단한 식이 아인슈타인이 제안한 상대성 이론의 중요한 부분을 이루고 있다는 것이 믿어지지 않겠지만, 그것은 사실이다. 이 식이 의미하는 바를 조금 더 자세히 살펴보기 위해 우선 이 식의 주인공인 빛에 대해 알아보기로 하자. 빛이라는 말은 우리 일상생활에서는 여러 가지 다른 의미로 사용되기 때문에 조심스럽게 다뤄야 한다. 우리에게는 빛이 시각과 관련이 있지만 물리학자들에게는 훨씬 더 넓은 의미를 갖는다. 우리가 눈으로 보는 빛은 공간을 통해 전파되는 전자기파의 일종이다. 바다의 파도, 음파, 축구장의 팬들이 만드는 파도와 마찬가지로 전자기파도 특정한 물리적 실체를 주기적으로 진동시키는 방법으로 정보를 전달한다. 음파의 경우에는 공기의 압력이 주기적으로 변하며, 파도의 경우에는 물의 높이가 주기적으로 변한다. 그리고 축구장의 팬들이 만들어 내는 파도에서는 팬들의 자세가 주기적으로 변한다. 이와 마찬가지로 전자기파의 경우에는 눈에 보이지는 않지만 물리학자들이 공간이나 물질의 성질을 설명하기 위해 사용하는 전기장과 자기장이 주기적으로 변화한다.

전기나 자기와 관련된 성질은 고대에도 알려져 있었다. 예를 들어 고대 그리스인들은 호박(그리스어에서는 electron이라고 부름)을 비단이나 가죽으로 문지르면 지푸라기를 잡아당기는 성질이 생긴다는 것을 알고 있었고, 자연에서 발견되는 돌 중에는 철을 끌어당기는 돌(자철석)이 있다는 것도 알고 있었다. 방향을 나타내는 원시 형태의 나침반이 사용되기 시작한 것은 기원전 2세기부터 2세기까지 약 400년 동안 중국을 다스렸던 한나라 때부터였다.

그러나 전자기 현상을 제대로 이해할 수 있게 된 것은 19세기가 되어서였다. 전자기 현상에 대한 이해에서 핵심적인 역할을 한 것은 전기적인 요소와 자기적인 요소로 이루어진 전자기장을 도입한 것이었다. 전자기학에서 핵심적인 역할을 하는 맥스웰 방정식은 전하와 전류, 전기장과 자기장 사이의 관계, 그리고 전기장과 자기장의 상호작용을 나타내는 4개의 방정식으로 이루어져 있다. 19세기 말과 20세기 초에는 전자기학과 관련된 이론의 발전과 전자기파의 실용적 이용 방법이 동시에 개발되었다. 이때부터 도시는 전깃불로 밤을 밝히기 시작했고, 전신과 라디오 방송으로 세상이 좁아졌으며, 전기로 작동하는 엔진이 사용되기 시작했다.

아인슈타인은 물리학자가 보기에도 문제가 있어 보이는 혁신적인 방법으로 연구를 시작했다. 아인슈타인은 갈릴레이와 뉴턴이 완성한 고전 물리학으로 교육받았다. 250년이 넘는 긴 세월 동안 고전 물리학은 천체 운동을 완벽하게 설명한 것을 비롯하여 많은 성과를 이루어냈다. 뉴턴 역학의 무대는 좌표계를 이용하여 나타낼 수 있는 3차원 공간이었다. 공간의 모든 점들은 하나의 원점과 서로 수직인 3개의 축을 이용하여 나타낼 수 있었다. 평면 위의 모든 점들을 문자 하나와 숫자 하나로 나타내는 전쟁 게임을 하는 보드는 평면 좌표계의 예이다. 우리는 우리에게 편리한 좌표계와 원점을 선택할 수 있다. 이런 일은 우리가 살고 있는 지역의 여러 지점까지의 거리를 측정할 때 늘 하는 일이다. 베니스에 살고 있는 사람은 자신이 있는 지점을 기준으로 하여 파두아까지의 거리가 38킬로미터라고 말한다. 베니스에 살고 있는 사람이 독일의 기센에서 파두아까지의 거리가 984킬로미터이고, 이탈리아의 로비고에서 파두아까지의 거리가 43킬로미터라고 말하는 경우는 드물다. 고전 물리학에서 시간은 누구에게나 일정하게 흘러간다. 따라서 누구에게나 과거와 현재의 구별은 동일하다. 다시 말해 공간과 시간은 완전히 분리되어 있었다.

고전 역학에서 가장 중요한 원리는 서로 등속도로 운동하고 있는 기준계에서는 같은 물리 법칙이 성립한다는 것이다(이것을 상대성 원리라고 함). 다시 말해 우리가 거실에서 당구를 치거나, 시속 300킬로미터로 달리고 있는 기차에서 당구를 치거나 공의 운동에 적용되는 물리 법칙은 동일하다는 것이다. 따라서 당구공의 운동을 측정해서는 정지해 있는 거실에 있는지 아니면 등속도로 달리고 있는 기차에 있는지 알 수 없다. 하나의 기준계에서 다른 기준계로 갈 때는 갈릴레이가 제안한 변환 식을 이용하여 각 점의 위치를 나타내는 좌푯값만 바꾸면 되었다. 따라서 물리 실험으로는 한 기준계가 정지해 있는지 아니면 일정한 속도로 달리고 있는지를 알아낼 수 없다. 《두 우주 체계에 대한 대화Dialogue Concerning the Two Chief World Systems》에서 갈릴레이는 일정한 속력으로 달리고 있는 배 안에 있어 밖을 내다볼 수 없는 방에서 한 사고 실험을 통해 이것을 설명했다.(이 방에서 배가 움직이는지 알기 위해서는 창문을 열고 해안이 움직이고 있는지를 살펴보아야 한다.)

배가 어떤 속력으로 달리고 있더라도 속력이 일정하고 배가 흔들리지 않으면 배 안에서 일어나는 모든 운동이 똑같다는 것을 알 수 있을 것이다. 따라서 배 안에서 일어나고 있는 운동만으로는 배가 정지해 있는지 움직이고 있는지 알 수 없다.

갈릴레이와 뉴턴의 고전 역학은 매우 아름답고 자체 모순이 없는 이론이었다.

그러나 전자기학이라는 새로운 과학 분야가 등장했다. 맥스웰 방정식에서 알 수 있는 것처럼 전자기학도 매우 아름답고 여러 분야에서 유용하게 사용될 수 있는 이론이다. 문제는 전자기학과 갈릴레이 변환 식이 호환되지 않는다는 것이었다. 한 관성계에서 전자기 현상을 기술하는 맥스웰 방정식과 이 관성계에 대해 일정한 속도로 운동하고 있는 다른 관성계에서의 맥스웰 방정식은 같은 식으로 나타내지지 않는다. 이것은 해결하기 어려운 문제였다. 아인슈타인은 그의 특수 상대성 이론과 일반 상대성 이론에서 "상대성 원리의 정당성에 대해서 논의할 시기가 되었다. 그리고 상대성 원리의 정당성을 유지하는 방법이 불가능하지 않다는 것을 알게 되었다."라고 말했다.

이 문제에 대한 그의 해답이 특수 상대성 이론이다. 아인슈타인은 상대성 원리에서 시작했다. 그는 상대성 원리가 역학에서뿐만 아니라 전자기학을 포함한 물리학의 모든 분야에서 성립하도록 확장했다. 그리고 그는 앞에서 보여준 식을 이용해 나타낸 두 번째 일반 원리를 추가했다. 그것은 진공 중에서의 빛의 속력 c가 모든 관성 기준계에서 항상 같은 값으로 측정된다는 것이었다. 대단한 것 같아 보이지 않지만 이것은 물리학에서의 또 하나의 혁명이었다.

이것의 중요성을 이해하기 위해 몇 가지 예를 들어 보자. 시속 20킬로미터로 달리고 있는 배의 데크 위에서 배가 달리고 있는 방향으로 시속 10킬로미터의 속력으로 달리고 있다고 가정해 보자. 달리는 속력은 달리고 있는 배를 기준으로 측정한 속력이다. 실제 속력은 배의 속력에 달리는 속력을 더해야 하므로 해안에 서 있는 사람은 우리가 달리는 속력을 시속 30킬로미터로 측정할 것이다.

그러나 빛의 경우에는 이런 더하기가 성립하지 않는다. 빛의 속력은 어떤 좌표계에서 측정하더라도 항상 초속 299,792.458킬로미터이다. 빛의 속력이 기준계의 속력에 관계없이 항상 일정한 값을 갖는 상수라는 것을 받아들이려면 시간과 공간을 새롭게 정의해야 한다.

갈릴레이의 상대성 이론에서는 모든 관성 기준계에서 측정한 길이가 같았다. 당구대의 길이와 너비는 당구대가 달리고 있는 기차에 있거나 거실에 있거나 항상 같다. 배의 길이나 배 위에 그어 놓은 직선의 경우도 마찬가지이다. 그리고 갈릴레이의 시간도 절대 시간이었다. 시간은 어디에서나 항상 일정하게 흘러갔다.

그러나 아인슈타인에 의해 모든 것이 달라졌다. 아인슈타인은 상대성 원리와 광속 불변의 원리가 성립하도록 갈릴레이의 변환 식을 수정했다. 아인슈타인이 제안한 특수 상대성 이론에 의하면 달리고 있는 방향의 길이는 정지해 있을 때의 길이보다 짧다. 그리고 시간에도 변화가 생긴다. 갈릴레이 변환 식에서 시간은 기준계에서 위치를 나타내는 좌표와는 아무 관련이 없는 독립적인 변수였다. 그러나 아인슈타인에 의하면 시간은 공간과 시간으로 이루어진 시공간의 일부가 된다. 따라서 누구에게나 일정하게 흘러가는 절대적인 시간이 아니라, 측정하는 사람의 기준계에 따라 달라지는 상대적인 물리량이 되었다. 빠르게 달리고 있는 기준계에서 시간은 천천히 흘러간다. 다시 말해 시간의 지연이 일어난다.

우리가 일상생활에서 이러한 사실을 경험하지 못하는 것은 기준계의 속력이 빛의 속력과 비교할 수 있을 정도로 빠른 경우에만 길이의 수축이나 시간의 지연이 측정이 가능할 정도로 크게 일어나기 때문이다. 우리가 일상생활에서 경험하는 속력은 빛의 속력에 비해 아주 느리기 때문에 불완전한 갈릴레이의 상대성 이론도 잘 작동하는 것처럼 보인다.

빛의 속력, 다시 말해 진공에서의 전자기파의 속력은 세상에 대한 과학적 지식의 한 기둥이 되었다. 자연이 가지고 있는 변하지 않는 속성 중 하나인 우주 상수가 된 것이다. 광속 불변의 원리에 기초를 두고 있는 상대성 이론은 모든 물리학의 바탕을 이루고 있다. 아인슈타인은 다음과 같이 설명했다.

> 이 시공간 변환 식은 상대성 이론이 자연 법칙에 요구하는 수학적 조건이다. 이 식을 이용하여 상대성 이론은 자연의 일반적인 법칙을 찾아낼 수 있다. 자연에 대한 일반적인 법칙이 이 변환 식을 만족시키지 못한다는 것을 밝혀낸다면 상대성 원리와 광속 불변의 원리 중 적어도 하나가 틀렸다는 것을 증명한 것이 될 것이다.

## 지구에서 달로

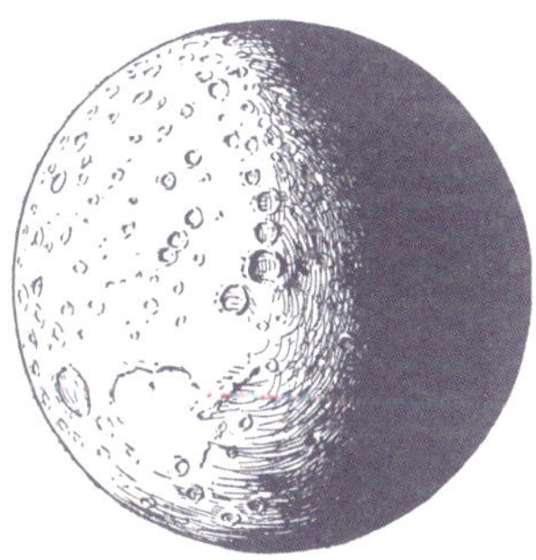

링컨대학을 방문한 후 아인슈타인은 9년을 더 살았다. 그는 1955년에 세상을 떠났기 때문에 빛 속력 연구에 새로운 시대를 열어준 레이저의 등장을 보지 못했다. 레이저의 시제품이 만들어진 것은 1960년이었다. 레이저는 직진성이 강한 단색광을 만들어낸다. 다시 말해 레이저는 한 가지 파장만을 가지는 전자기파이다. 기술적인 용어로 설명하면, 레이저를 이루고 있는 모든 전자기파의 파장이 같아 모두 같은 에너지를 가지고 있다. 따라서 레이저를 이용하면 정밀한 측정이 가능하다. 레이저가 지구에서 달까지 왕복하는 경우에도 마찬가지이다.

빛의 속력이 항상 일정하다는 사실과 레이저의 단색성을 이용하면 지구에서 달까지의 거리를 정확하게 측정할 수 있다. 1962년에 미국 MIT에서 연구하고 있던 이탈리아의 물리학자 조르조 피오코Giorgio Fiocco는 처음으로 레이저를 이용하여 달까지의 거리를 측정하는 데 성공했다. 피오코는 달을 향해 레이저를 발사한 후 달에서 반사되어 돌아오는 레이저를 측정했다. 여러 가지 실험의 어려움에도 불구하고 피오코와 그의 동료 루이 스멀린Louis Smullin은 달에서 반사되어 돌아오는 전자기파를 측정하려고 했다. 달에서 반사되어 온 전자기파의 세기가 아주 약해 그것을 측정하는 것은 쉬운 일이 아니었다. 그러나 1962년 5월 9일과 5월 11일 사이에 달에서 반사된 빛을 측정하는 데 성공하여 그 결과를 1962년 6월 30일에 《네이처Nature》에 발표했다. 이로써 그들은 레이저를 먼 거리를 측정하는 용도로 사용할 수 있는 길을 열었다.

빛의 속력은 잘 알려져 있는 상수이므로 레이저가 달에서 반사되어 돌아오는 데 걸리는 시간(약 2.5초)을 측정하면 지구에서 달까지의 거리(평균 384,400킬로미터)를 정확하게 계산할 수 있다.

피오코가 이용했던 방법은 오늘날에도 지구에서 달까지의 거리를 측정하는 데 이용되고 있다. 그러나 오늘날에는 아폴로 우주인들이 달 표면에 설치해 놓은 거울에서 반사되는 레이저를 이용한다. 달에 레이저 반사경을 설치한 실험을 '달 레이저 측정'이라고 한다. 간단한 장치임에도 불구하고 이를 이용해 중요한 정보를 많이 수집할 수 있었기 때문에 이 실험은 아폴로 11호가 수행한 가장 성공적인 임무였다는 평가를 받고 있다.

그들이 달 위에서 한 일은 한 변의 길이가 약 50센티미터인 거울을 지구 방향으로 설치해 놓은 것이었다. 이 거울은 거울에 도달한 빛을 다시 되돌려 보내는 수백 개의 특수한 반사경으로 이루어져 있다. 이 거울은 지구로부터 온 레이저를 다시 지구로 되돌려 보낸다. 지구에서 달을 향해 발사한 빛이 달 표면에 설치되어 있는 피자 박스 크기의 거울에 도달한다는 것은 공상과학 이야기에서나 나올 법한 이야기이다. 그러나 미국 캘리포니아에 있는 릭 천문대의 과학자들은 강력한 망원경의 도움을 받아 아폴로가 달에 거울을 설치한 후 며칠 안에 이 일을 해냈다.

빛이 70만 킬로미터가 넘는 거리를 왕복하고, 달에 도달했을 때 지름이 4킬로미터나 되는 빔 중에서 작은 거울에 의해 반사된 적은 양의 빛만을 검출해야 한다는 것을 감안하면 이것은 대단한 성공이었다. 과학자들은 달 표면에 설치된 거울에 빛을 보내는 것은 총으로 3킬로미터 떨어진 곳에 있는 동전을 맞추는 것만큼이나 어려운 일이라고 했다. 달 레이저 측정으로 지구와 달 사이의 거리를 센티미터 단위로 측정할 수 있게 되었다. 이때 측정 오차는 10억분의 1센티미터 이하이다. 레이저의 이용으로 예전에는 상상도 할 수 없었을 정도로 정밀한 거리 측정이 가능해진 것이다. 이렇게 해서 1983년에 1미터를 빛을 이용해 새롭게 정의할 수 있게 되었다. 이것은 길이의 단위에 대한 마지막 정의일 가능성이 크다. 마지막 정의가 아니라고 해도 아주 오랫동안 사용될 정의임에 틀림없다. 이것은 2018년에 이루어진 우주 상수를 바탕으로 하여 국제단위계를 새롭게 정의한 단위 혁신의 첫걸음이었다.

## 우주 상수로서의 *c*

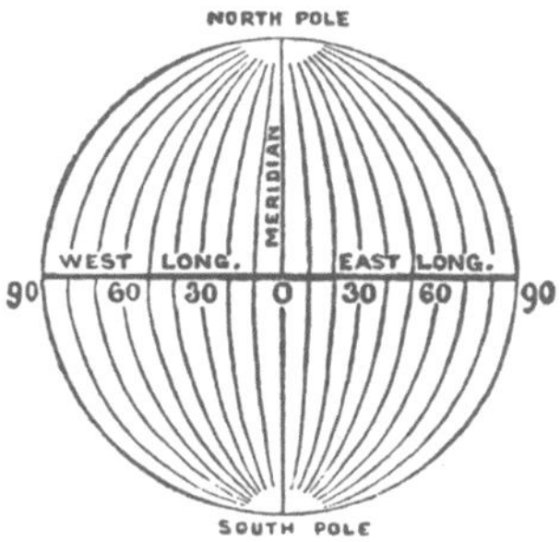


빛의 속력을 나타내는 *c*에는 자연의 가장 중요한 속성이 포함되어 있다. 이것은 모든 것의 성질이고, 모든 것을 위한 성질이다. 이것은 만질 수 없지만 변하지 않는 성질이고, 사람들의 경험에 영향을 받지 않는 성질이다. 10진 미터법의 상징적인 단위인 미터를 우주의 기본적인 성질인 빛의 속력을 이용해 새롭게 정의한 것은 자연스러운 일이었다.

인류 문명이 시작되면서 오랫동안 계속해 온 길이의 단위를 정하기 위한 노력이 마지막 단계에 도달하기 전에, 어떻게 *c*가 빛의 속력을 나타내는 기호로 사용되게 되었는지에 대해 알아보자. 왜 빛의 속력을 *a*나 *b*가 아니라 *c*로 나타내게 되었을까? 맥스웰이나 아인슈타인은 그들의 논문에서 빛의 속력을 *c*가 아니라 *V*로 나타냈지만, 다른 물리학자들은 *c*를 사용했다. 따라서 아인슈타인도 1907년부터는 빛의 속력을 *c*로 나타냈다. 그러나 왜 빛의 속력을 *c*로 나타내게 되었는지에 대한 확실한 근거를 찾을 수는 없다.

일부에서는 *c*가 상수를 의미하는 constant의 머리글자라고 하지만 확실하지는 않다. 어떤 사람들은 *c*가 속력을 나타내는 라틴어 *celertias*를 의미한다고 주장하고 있다. 그러나 많은 연구에도 불구하고 확실한 근거를 찾아내지는 못하고 있다. 빛의 속력과 같은 중요한 상수에 약간의 신비스러움을 남겨두는 것도 나쁜 일은 아닐 것이다.

1미터의 길이를 결정하기 위한 오랫동안의 노력은 1983년에 빛의 속력을 이용하여 1미터를 새롭게 정의하는 것으로 끝을 맺었다. 제17차 국제도량형총회에서는 "1미터에 대한 현재의 정의는 모든 요구를 만족시킬 수 있을 정도로 정밀하지 못하다."고 선언하고,

"레이저 관련 기술의 발전으로 크립톤-86 램프(1960년에 미터의 기준으로 사용됨)가 내는 표준 복사선보다 더 안정적이고 재현 가능한 레이저를 발생시키는 것이 가능해졌다."고 했다. 무엇보다도 "레이저 복사선의 파장과 진동수를 정밀하게 측정할 수 있게 되어 빛의 속력을 정밀하게 결정할 수 있도록 한 것이 미터의 새로운 정의를 가능하게 했다." 한편 "1975년에 개최된 제15차 국제도량형총회의 의결 2호에서 빛의 속력을 일정한 상수($c$ = 299,792,458m/s)로 정하는 것이 천문학과 측지학에 유리하다."고 선언했다.

다시 말해 프랑스 혁명의 산물인 1미터와 빛의 속력 사이에서 과학이 빛의 속력을 더 근본적인 것으로 받아들인 것이다. 이것은 아인슈타인이 인류 역사에 남긴 또 다른 공헌이라고 할 수 있다. 현대 과학과 기술은 크립톤이 내는 복사선을 이용하여 정의한 1미터의 정밀성으로는 만족할 수 없었던 것이다.

2018년에 열린 국제도량형총회에서는 빛의 속력 $c$를 더 정밀하게 측정할 수 있는 새로운 정의를 찾아내는 대신, 빛의 속력을 일정한 값으로 정하고 이를 바탕으로 1미터를 정의하기로 했다. 이로써 빛의 속력은 299,792,458m/s로 확정되었고, 1미터는 빛의 속력과 시간의 단위인 초를 이용하여 새롭게 정의되었다. 속력은 달려간 거리를 달리는 데 걸린 시간으로 나눈 값이다. 따라서 1미터는 빛이 1초 동안 달린 거리의 1/299,792,458로 정의되었다. 즉 1미터는 1초라는 시간의 단위를 이용하여 간접적으로 결정된다. 그러나 정밀한 시간 측정이 가능한 원자시계로 인해 이런 간접적인 정의가 직접적으로 거리를 측정하는 것보다 훨씬 정밀한 결과를 얻을 수 있었다.

1983년에 있었던 미터의 새로운 정의로 인해 인공 구조물을 기준으로 했던 단위의 정의들이 모두 막을 내리게 되었다. 이로 인해 인류는 물리적인 대상물이 아니라, 빛의 상수를 비롯한 물리 상수에 기반을 둔 새로운 단위 체계를 갖게 되었다. 이 상수들은 잘 알려진 과학 원리와 연결되어 있으며, 이들은 계속 발전하고 있는 자연에 대한 지식에서 중추적 역할을 하고 있다.

이제 진정으로 모든 사람과 모든 시대를 위한 측정 체계가 만들어진 것이다.

# 2 시간을 재는 초

Seconds

## 광기의 순간

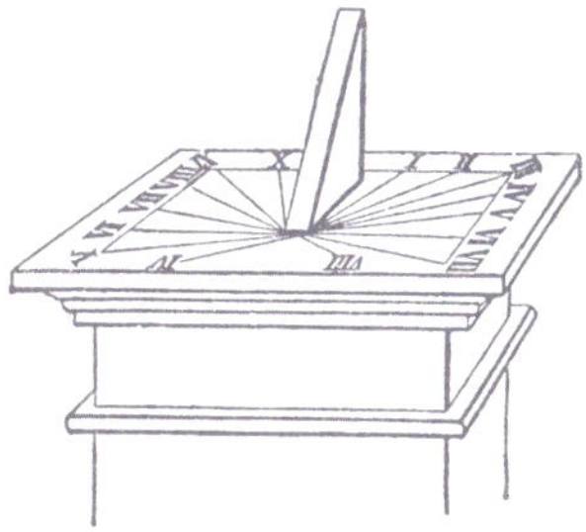

사람들 중에는 누구에게나 일어날 수 있는 광기의 순간으로 인해 엄청난 일을 벌이는 사람도 있다. 운이 좋은 사람에게는 광기의 순간이 잠을 자고 있는 동안에 찾아오지만, 경우에 따라서는 상점에 있는 동안에 찾아오기도 한다. 어떤 사람에게는 광기의 순간이 복수심에 불타는 순간이고, 어떤 사람의 경우에는 학대에 반격하는 순간일 수도 있다. 그런가 하면 가학증의 결과로 나타나기도 하고, 잔인함으로 인해 나타나기도 한다.

우리는 신비스러운 분위기를 만들어 주는 스노볼이라는 장식품을 사서 가까운 사람에게 선물하곤 한다. 스노볼을 흔들면 눈이 내리는 것처럼 보인다. 스노볼에는 여러 종류가 있지만 작동 원리는 모두 같다. 스노볼은 다양한 배경 화면을 구성하는 3차원 구조물이 투명한 액체로 채워져 있다. 배경 화면은 크리스마스와 관련된 것이 많지만 항상 그런 것은 아니다. 일부 스노볼은 기념물이나 꼭두각시, 만화 주인공, 또는 종교적인 풍경을 담고 있다. 스노볼을 만든 사람은 빈에서 외과용 도구을 만들던 에르빈 페르지Erwin Perzy이다. 그가 스노볼을 처음 만든 것은 1900년이었다. 그가 만든 스노볼

내부에는 바실리카 성모 발현 성당의 축소형 모형이 있었고, 곱게 간 쌀가루를 이용하여 눈을 만들어 냈다. 빈에는 스노볼 발명자를 기념하기 위해 그의 작품들을 수집해 놓은 박물관이 있다.

솔직한 사람이라면 적어도 한 번은 스노볼을 사고 싶은 유혹을 느낀 적이 있다는 사실을 인정할 것이다. 어떤 사람은 스노볼을 구매하는 것을 문화적 행위라고 주장하면서 오르손 웰레스Orson Welles가 만든 이 작은 장식물에 헌정된 〈시민 케인Citizen Kane〉이라는 영화가 그 증거라고 말하기도 했다. 스노볼의 성공은 여러 가지 데이터를 통해서 증명할 수 있다. 여러 신문에 보도된 몇 년 전에 행해진 조사에 의하면 스노볼은 런던 공항의 보안 당국에 의해 가장 자주 압수되는 품목이다. 이들 중 대부분이 휴대 소화물에 포함할 수 있는 양을 초과하는 액체를 포함하고 있다는 이유였다. 이런 스노볼들은 오래된 우정이나 순진한 로맨스를 위해 사용되는 대신 보안 요원들에 의해 처리되는 운명을 맞이한다. 런던 공항에서 압수된 물품 목록에 있는 훨씬 평범한 물품들에는 화장품, 알코올을 포함하고 있는 음료수, 테니스 라켓, 수갑 등이 포함되었다. 그러나 압수 품목에 원자시계는 포함되어 있지 않았다.

1971년에 조셉 하펠레Joseph Hafele와 리처드 키팅Richard Keating은 지금보다 훨씬 느슨했던 보안 검색 덕분에 아무런 제지를 받지 않고 원자시계를 가지고 항공편을 이용하여 역사적인 비행을 할 수 있었다. 그 당시 찍은 사진을 보면 육면체 모양의 원자시계의 크기는 보통 냉장고 크기와 맞먹었다. 이 원자시계는 두 명의 승객과 함께 세계를 일주하는 비행을 했다.

하펠레와 키팅은 물리학자와 천문학자였고, 그들의 비행은 원자시계를 이용하여 아인슈타인의 상대성 이론에서 예측한 시간 지연을 확인하기 위한 것이었다. 아인슈타인의 특수 상대성 이론은 비행기에 실려 있는 원자시계와 지상에 고정되어 있는 원자시계의 상대속도에 의해 비행기에 실려 있는 원자시계에 시간 지연이 발생할 것이라고 예측했고, 일반 상대성 이론은 지상과 비행기가 비행하는 고도에서의 중력 차이로 인해 비행기에 실려 있는 원자시계가 더 빨리 갈 것이라고 예측했다. 이 실험을 끝낸 후 저명한 과학 잡지인 《사이언스Science》에 발표된 논문에 의하면 이 실험은 성공적인 것이었다.

1971년 10월에 상업용 항공기에 실려 한번은 동쪽으로, 그리고 한번은 서쪽으로 지구를 일주한 세슘 원자시계는 상대성 이론이 예측하는 것과 같은 정도의 시간 지연을 나타냈다. 미국 해군 천문대에 설치되어 있는 원자시계와 비교해 비행기에 실려 있던 원자시계는 동쪽으로 지구를 돌았는 때는 시간이 59±10나노초 빨리 갔고, 서쪽으로 지구를 돌았을 때는 273±7나노초 천천히 갔다. 여기서 오차는 표준 편차를 나타낸다. 이 결과는 상대성 이론의 시간 지연을 실제 시계를 이용하여 증명한 것이다.

시속 900킬로미터로 달리고 있는 비행기 안에서는 하루의 길이가 수십 나노초 더 길어진다. 이런 차이는 무시해도 될 것처럼 보인다. 그러나 우리가 항상 이용하고 있는 스마트폰은 이 짧은 시간 동안에 수십 번의 복잡한 계산을 해낸다.

## 철학자의 동의를 얻는 것이 더 쉬울까?

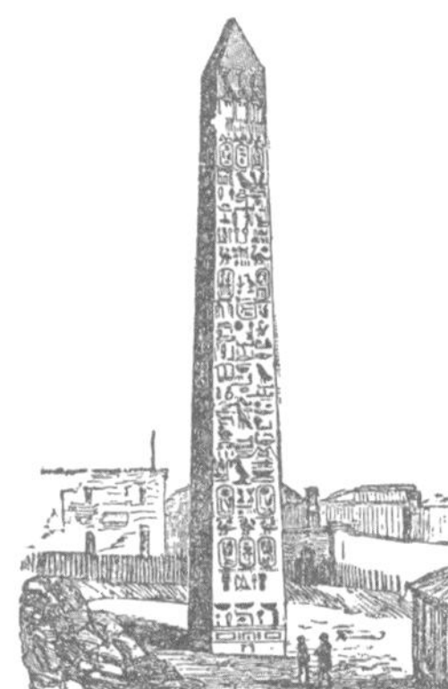

시간만큼 과학의 범주를 뛰어넘어 과학 밖에서 많이 논의된 물리량은 없을 것이다. 시간의 흐름은 우리가 살아가는 데 가장 핵심적인 요소이므로 이것은 놀라운 일이 아니다. 시간은 우리에게 위안을 주기도 하지만, 고통을 주기도 하고, 희망을 주기도 하며, 우리를 성숙하게 만들기도 한다. 우리는 과거의 경험과 미래의 기대 사이에 끼어 있는 현재를 살아가고 있다. 시간은 우리 존재 속에 스며들어 있다. 우리는 시간을 정의해 보려고 노력하지만 성공할 것 같지 않다.

우리는 시간이 무엇인지를 설명할 수 없다는 것을 경험을 통해 잘 알고 있다. 히포의 아우구스티누스Augustine of Hippo는 4세기에 "시간이 무엇입니까?"라는 질문에 "아무도 내게 그런 질문을 하지 않았다면 시간이 무엇인지 알았겠지만, 그런 질문에 대답하려고 한다면 나는 시간에 대해 아무것도 모릅니다."라고 대답했다. 노벨 물리학상 수상자인 리처드 파인만Richard Feynman은 강의에서 이 문제에 대해 "우리에게 문제가 되는 것은 시간을 어떻게 정의하느냐가 아니라 시간을 어떻게 측정하느냐입니다."라고 말했다.

미국 물리학자의 실용주의적 접근은 문명이 시작된 이래 인류가 시간을 다루어 온 방법을 잘 나타내고 있다. 사람들은 시간이 무엇인지에 대해 묻기 훨씬 전부터 시간을 측정하기 시작했다. 처음에는 낮과 밤이나 계절의 변화, 그리고 달의 위상 변화와 같이 자연에서 일어나는 주기적인 현상을 이용하여 시간을 측정했다. 시간을 측정하기 위한 노력들의 공통점은 규칙적으로 반복되는 주기적 현상을 이용한다는 것이다. 예를 들면 하루 동안에 나타나는 낮과 밤, 그리고 원자가 내는 복사선에서 연속적으로 반복되어 나타나는 최고점(마루)과 최저점(골)이 그런 것이다.

달력을 처음 사용하기 시작한 것은 신석기 시대였다. 일부 고고학자들은 약 3만 년 전의 것으로 밝혀진 프랑스에서 발견된 배머드 상아에 나타나 있는 칼로 베어 만든 것처럼 보이는 자국이 1년 동안의 달의 위상 변화를 나타낸다고 주장했다. 세계 곳곳에서 발견된 여러 가지 유물들이 최초 달력의 자리를 놓고 경쟁하고 있다. 최초의 휴대용 달력은 로마 외곽에 있는 알반 힐스Alban Hills에서 발견된

1만 년 전의 달력으로 농경에 이용되었을 것으로 보인다. 작은 돌멩이 위에 28개의 눈금이 새겨져 있는 이 달력은 음력 한 달에 포함된 날짜를 나타낸 것으로 보인다.

시간을 측정하는 기술의 또 다른 공통점은 시간을 시각화한다는 것이다. 시간이 흐른다는 감각은 정신적인 작용이므로 눈에 보이지 않는다. 따라서 시간의 흐름을 측정하기 위해서는 그림자나 바늘, 교회의 종소리, 모래시계에서 흘러내린 모래의 양, 타서 줄어드는 양초나 방향제 막대의 길이, 또는 베이커리에서 만든 빵의 냄새와 같이 눈으로 확인할 수 있는 구체적인 대상을 이용해 나타내야 한다.

길이 측정의 경우와 마찬가지로 시간 측정에서도 수메르나 바빌로니아와 함께 이집트가 선구적인 역할을 했다. 수메르로부터 우리는 시간을 계산하는 데 사용되는 60진법을 물려받았다. 1분은 60초이고 1시간은 60분인 것은 이 때문이다. 오벨리스크 그림자의 길이 변화와 움직임은 낮 동안의 시간의 흐름과 계절의 변화를 잘 보여준다. 파리의 콩코드 광장에 서 있는 룩소르 오벨리스크Luxor Obelisk는 3천 년 전에 만들어진 것으로, 이집트와 수단을 다스렸던 오토만 제국의 무하마드 알리Muhammed Ali가 1830년에 기계적으로 작동하는 시계 대신에 프랑스에 준 것이다. 그에게 이것은 수지맞는 거래는 아니었던 것 같다.

한발 앞섰던 이집트인들의 창의성은 시간 측정에서도 발휘되었다. 그들은 조절된 구멍을 통해 흘러내리는 물의 양을 이용해 시간을 측정하는 물시계를 만들었다. 그들은 구멍을 통해 흘러내린 물의 양이 시간의 흐름에 비례한다는 것을 잘 알고 있었다.

오늘날에는 스위스가 시계 수출국으로 유명하지만, 고대에는 이집트가 시계 제조에서 주도적인 역할을 했다. 이탈리아 의사당이 있는 로마의 피아자 몬테치토리오Piazza Montecitorio에 서 있는 거대한 이집트 오벨리스크는 이탈리아 정치의 말 없는 증인이다. 이 오벨리스크는 원래 아라 팍시스Ara Pacis의 캠퍼스 마르티우스Campus Martius(역자주: 고대 로마의 공공장소)에 설치되어 있던 해시계로, 로마의 황제 아우구스투스의 지시에 의해 기원전 9년에 설치되었다.

해시계와 물시계는 고대 로마에서도 널리 사용되었다. 문화가 발전하면서 좀 더 정밀한 시간 측정이 필요했지만, 그들이 사용하던 시계들로는 이러한 요구를 만족시킬 수 없었다. 그들이 사용하던 해시계는 오차가 너무 컸는데, 철학자이자 정치가, 과학자였던 루시우스 아나에우스 세네카Lucius Annaeus Seneca는 다음과 같이 선언했다.

> 나는 당신들에게 정확한 시간을 이야기해 줄 수 없다. 시계들 사이에서 의견 일치를 얻어내기보다는 철학자들에게서 의견 일치를 얻어내는 것이 더 쉬울 것이다.

아울루스 겔리우스Aulus Gellius는 그의 《아티카의 밤Noctes Atticae》에서 극작가이며 희극 작가인 플라우투스Plautus로 하여금 반과학적인 독설을 퍼붓도록 했다. 로에브 고전 도서관에 보관되어 있는 존 C. 롤프John C. Rolfe의 번역은 다음과 같다.

> 신들은 최초 발명자를 혼란스럽게 했다
> 시간을 어떻게 구별하지! 그 역시 당황했다
> 이곳에 해시계를 설치한 사람은
> 나의 하루를 아주 거칠게 난도질했다
> 작은 조각들로! 내가 아직 소년이었을 때
> 나의 배꼽시계가 훨씬 믿을 수 있었다
> 어떤 것보다도 믿을 수 있고 더 정확했다
> 내 배꼽시계는 적확한 시간을 알려주었다
> 저녁 먹으러 갈 때, 내가 먹어야 할 때
> 그러나 요즘은, 내가 있을 때조차도,
> 태양이 떠나지 않는 한 나는 누울 수 없다
> 마을은 이런 혼란스러운 숫자들로 가득 차 있고
> 대부분의 주민들은
> 굶주림에 위축되어 거리를 기어가고 있다

정밀한 측정에 대한 요구는 원하는 결과를 얻을 수 없었다. 로마제국의 멸망은 유럽에서의 시간 측정의 혁명을 새롭게 형성된 공동체들이 시간 측정의 필요성을 다시 제기하게 되는 중세까지 지연시켰다. 공공건물의 탑에 설치된 기계적인 시계들은 공동체의 상징물이 되었다. 이런 시계들 중 가장 유명한 것은 1493년에 제작된 베니스의 성 마르크 광장을 내려다보고 있는 시계탑이다. 그러나 시간 측정의 진정한 혁명은 현대 물리학이 등장할 때까지 기다려야 했다.

## 시간이 진자처럼 흔들리다

아르키메데스는 벌거벗은 채 "유레카!"라고 소리치면서 목욕탕을 뛰어나왔다. 뉴턴은 떨어지는 사과에 머리를 맞았다. 갈릴레이는 피사 성당 천장에 매달려 있는 램프에 정신을 빼앗겼다. 그리고 아인슈타인은 카메라 앞에서 그의 혀를 내밀어 보였다. 사람들은 이런 모습들을 대하면서 물리학은 이상한 사람들이 하는 학문이고, 그들이 한 발견들은 순간적인 착상의 결과라고 생각하게 된다. 이런 생각은 우리가 상상하고 있는 것보다 더 널리 퍼져 있다.

그러나 특별한 발견은 물론 일반적인 발견도 연구와 훈련, 그리고 의심과 순간적인 착상이 아름답게 결합하여 만들어 낸 결과물이다. 순간적인 착상의 경우에도 재즈의 경우와 마찬가지로 단단한 지식과 기술을 바탕으로 하고 있다. 이런 의미에서 과학은 매우 민주적이며 과학적 방법인 '1인 1표'가 철저하게 적용되는 영역이다. 따라서 모든 과학자들은 연구와 실험이라는 무거운 짐을 나누어 져야 한다. 밀가루가 빵의 기본 요소인 것처럼 훈련과 연구는 과학의 기본 요소이다. 과학에는 지름길이 없다. 과학적 발견과 관련된 일화들은 중요한 발견이 이루어지는 과정을 설명하는 한 가지 방법일 뿐이다. 시간 측정에 사용되는 진자의 등시성을 발견한 이야기도 그런 일화 중 하나이다.

우리가 16세기의 마지막 해에 살고 있다고 가정해 보자. 피사대학의 교수인 갈릴레오 갈릴레이는 과학적 방법의 기초를 수립하고 있었다. "우리가 따라야 하는 방법은 우리가 알고 있는 것들을 사실이라고 가정하지 말고, 우리가 실제로 보고 들은 것만 말하도록 하는 것이다." 갈릴레이는 피사 성당 천장에 매달려 규칙적으로 흔들리는 램프에 매료되었다. (자연에서 일어나는 주기적 현상의 하나인) 자신의 심장 박동수를 이용하여 흔들리는 램프의 주기를 조심스럽게 측정한 갈릴레이는 램프가 크게 흔들리거나 작게 흔들리거나 한 번 흔들리는 데 걸리는 시간이 같다는 것을 발견했다. 이것이 진자의 등시성이다. 갈릴레이가 본 램프는 오늘날 피사 성당에 매달려 있는 램프와 같은 것이라고 주장하는 사람들도 있다. 그러나 여러 정황을 살펴볼 때 이것은 사실이 아니다. 갈릴레이가 램프를 관찰한 것은 빈세조 포산티Vincenzo Possanti가 1587년에 성당 천장에 램프를 설치하기 이전에 이루어졌기 때문이다.

전해오는 이야기와 상관없이 진자의 등시성은 시간 측정의 기본이 되는 성질이다. 갈릴레이는 (괘종 시계가 작동하는 것과 같은 방법으로) 진자가 흔들리는 수를 측정하여 이전보다 훨씬 정확하게 시간을 측정할 수 있었다. 말년에 그는 최초의 진자시계를 설계했고, 그의 아들 빈센조는 시제품을 만들었다. 그러나 1656년에 처음으로 제대로 작동하는 진자시계를 만든 네덜란드의 과학자 크리시티안 하위헌스Christiaan Huygens가 진자시계의 발명자로 알려져 있다.

이러한 진동 현상은 음악 분야에도 응용되었다. 16세기 말이 되자 그것을 발명한 프랑스 음악가의 이름을 따라 루리에의 크로노미터chronomètre라고 불리는 최초의 메트로놈이 만들어졌다. 그때까지는 연주자들이 심장 박동을 이용하여 리듬을 조절했기 때문에 사람에 따라 큰 차이가 있었다. 그러나 루리에의 크로노미터는 진자의 등시성을 바탕으로 작동했다. 이것은 연주자가 눈으로 확인할 수 있도록 정해진 거리를 일정한 시간 간격으로 진동하는 진자였다. 에티엔 루이에Étienne Loulié는 다음과 같은 기록을 남겼다.

크로노미터로 인해 작곡자가 그가 원하는 연주 속도를 정확하게 나타낼 수 있게 되었다. 이것이 없으면 연주자에 따라 연주 속도가 달라질 수밖에 없다.

루리에의 크로노미터는 오늘날에 분당 비트 수를 마음대로 조절할 수 있는 메트로놈metronome이라고 불리는 장치로 발전했다. 독일의 발명가인 요한 네포무크 멜첼Johann Nepomuk Maelzel이 1815년에 처음으로 메트로놈의 특허를 받았지만, 자신이 처음 그것을 설계했다고 주장하는 네덜란드의 발명가 디트리히 니콜라우스 빙켈Dietrich Nikolaus Winkel과 어려운 싸움을 해야 했다.

많은 음악가들이 메트로놈을 사용하기 시작했다. 이전에는 음악의 리듬을 정량적으로 나타낼 수 없었고, '매우 느리게adagio', '느리게andante', '좀 더 빠르게allegro vivace'와 같이 정성적으로만 표시했다. 따라서 작곡자의 의도를 크게 벗어나지 않는 한도 안에서 연주자의 경험과 개인적 취향에 따라 조금씩 다른 속도로 연주했다.

메트로놈의 사용으로 빠르기를 객관적으로 정하는 것이 가능해졌다. 베토벤Ludwig van Beethoven은 메트로놈을 처음 사용한 사람 중 한 명이었다. 열정적으로 메트로놈을 사용했던 베토벤은 그의 아홉 번째 교향곡을 메트로놈 덕분에 크게 성공시킬 수 있었다. 아홉 번째 교향곡에 베토벤은 메트로놈을 이용하여 연주 속도를 표시해 놓았는데, 이때 사용된 메트로놈은 빈에서 그를 기념하기 위한 전시회 도중 분실되었다. 9번 교향곡을 작곡한 후 베토벤은 이전 8개의 교향곡과 다른 작품들에도 연주 속도를 기재해 놓았다. 그러나 그가 표시해 놓은 연주 속도는 음악가들 사이에서 많은 논란을 야기했다. 많은 사람들은 베토벤이 표시해 놓은 속도가 너무 빠르고 잘 어울리지 않는다고 주장했다. 가장 유명한 예는 106번 소나타인 〈하머클라비어Hammer Klavier〉로 1분에 138번 진동하도록 표시되어 있어서 연주가 거의 불가능할 정도였다. 음악학자들과 연주자들은 이 문제에 대해 오랫동안 두 그룹으로 나뉘어 논쟁을 벌였다. 한 그룹은 베토벤이 기록해 놓은 연주 속도를 무시하자고 주장했고, 다른 그룹은 작곡가가 표시해 놓은 연주 속도를 엄격하게 지켜야 한다고 주장했다. 베토벤이 표시해 놓은 연주 속도를 무시하자는 사람들은 연주 속도 표시의 신빙성과 객관성을 의심하고 필사하는 과정에서 잘못된 오류이거나 베토벤의 메트로놈이 제대로 작동하지 않았을 가능성이 있다고 주장했다.

마드리드에 있는 카를로스 3세 대학의 물리학자인 알무데나 마르틴 카스트로Almudena Martín Castro와 빅 데이터 전문가 이나키 우카르Iñaki Úcar는 독특하고 흥미있는 분석 결과를 내놓았다. 2020년에 발표된 논문에서 그들은 과학적인 방법을 이용하여 9개 교향곡에 사용된 36가지 연주 속도를 분석하고, 다른 작곡가들이 항상 베토벤이 표시해 놓은 것보다 느린 템포를 사용했다는 것을 밝혀냈다. 베토벤이 사용했던 메트로놈의 수학적 모형을 이용하여 두 연구자는 베토벤이나 그의 조수가 메트로놈의 사용법을 제대로 알지 못했을 것이라고 결론지었다. 당시로서는 새로운 기술이었던 메트로놈의 사용이 일반화되어 있지 않아 사용법이 익숙지 않았을 가능성이 있다는 것이다.

이러한 수학적 결론에도 불구하고 많은 재능 있는 오케스트라 지휘자들이 베토벤이 표시해 놓은 속도를 이용하여 그의 곡을 연주하려고 노력하고 있다.

## 음악과 원자

그것을 장식할 음악이 없다면 시간은 마감 시간이나 청구서의 지불 기한을 나타내는 지루한 것이 될 뻔했다.

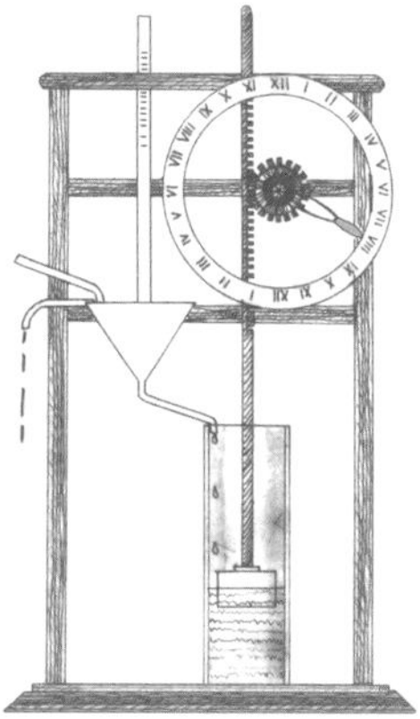

짐작했을지 모르지만 이것은 유명한 음악가인 지미 헨드릭스Jimi Hendrix가 한 말이다. 많은 사람들이 이 말에 동의할는지는 모르지만, 14세기에 이루어진 시간 측

정 기술의 발전은 공동체 생활과 경제활동을 향상시키기 위해 꼭 필요한 것이었다. 도시에 있는 기계적인 방법으로 작동하는 시계탑은 14세기에 이탈리아에서 보급되기 시작했다. 또한 진자의 등시성에 대한 갈릴레이의 관측과 하위헌스가 제작한 실용적인 진자시계로 인해 시간 측정의 정밀성이 크게 향상되었다. 초기의 기계적인 시계는 하루 15분 정도의 오차가 있었지만, 17세기 말에 만들어진 진자시계는 오차가 15초 정도로 줄어들었다. 정열적으로 시계를 만들었던 목수 존 해리슨John Harrison에 의해 시간 측정의 정밀도가 다시 한번 높아졌다. 1750년에서 1760년 사이에 해리슨은 하루에 오차가 3초밖에 안 되는 시계를 만들었다. 이 시계는 항해하는 사람들이 위도를 결정하는 데 사용되었다.

20세기 초에도 시간 측정 기술이 계속 발전했다. 1921년에 영국의 철도 엔지니어였던 윌리엄 해밀턴 쇼트William Hamilton Shortt는 1년에 오차가 1초 정도인 전기역학적 진자시계를 만들었고, 이 시계는 시간 측정의 표준이 되었다.

기술 혁신이 정점에 있을 때 새로운 기술이 싹트는 일은 과학의 역사에서 자주 일어나는 일이다. 시계의 경우에도 이런 일이 발생했다. 쇼트의 시계가 시간 측정의 표준이 되었을 때 벨 연구소에서 워런 매리슨Warren Marrison과 J. W. 호턴J. W. Horton이 최초로 수정시계를 만들었다. 진자시계와 마찬가지로 수정시계 역시 규칙적으로 반복되는 현상을 이용하여 시간을 측정했다.

수정시계는 수정이 가지고 있는 압전 현상을 이용하여 시간을 측정한다. 수정에 전류가 흐르면 수정 결정의 크기가 규칙적으로 변하고, 결정의 크기가 변하면 약한 전기를 발생시킨다. 30달러나 40달러 정도로 살 수 있는 일반적인 수정 손목시계의 경우 시계 내부에 있는 수정이 1초에 3만 2,768번 진동한다. 이런 현상을 이용하면 한 달에 15초 정도 오차로 시간을 측정할 수 있다.

1940년대 초에 공식적인 시간 측정에 사용되던 수정시계의 오차는 수정 손목시계의 오차보다 훨씬 작았다. 충분히 절연되어 있는 경우 수정시계는 진자시계보다 훨씬 잘 작동했다. 수정시계는 중력, 잡음, 외부 진동과 같은 기계적인 움직임의 영향을 받지 않았다. 이 시계의 오차는 쇼트가 만들었던 시계의 오차보다 약간 작은 1년에 3초 이하였지만, 신뢰도가 크고 관리 비용이 적게 들었으므로 표준 시계가 될 수 있었다. 수정시계는 미국에서 1960년대 초까지 표준 시계로 사용되었다.

1960년에도 수 세기 동안 사용해 온 1초의 정의가 그대로 사용되고 있었다. 1초는 지구가 자신의 축을 중심으로 한 바퀴 자전하는 데 걸리는 시간을 기준으로 정의되었다. 정확하게 표현하면 1초는 지구 자전 주기의 8만 6,400분의 1을 나타냈다. 그러나 시간이 지남에 따라 이러한 정의는 과학과 기술에서 요구하는 정밀도를 만족시킬 수 없다는 것을 알게 되었다. 지구 자전 속도는 지구와 태양의 위치에 따라 작은 변화가 생기기 때문이다. 1960년에 국제도량형총회는 지구의 자전 주기가 아니라 공전 주기를 바탕으로 하는 새로운 1초의 정의를 통과시켰다. 새로운 정의는 이전의 정의보다 훨씬 더 정밀했을 뿐만 아니라 더 실용적이었다. 1초는 1태양년, 즉 1900년의 하지에서부터 다음 하지까지의 시간의 31,556,925.9747분의 1로 정의되었다. 그러나 시간 측정을 위한 새로운 기준이 정해지던 것과 비슷한 시기에 다시 한번 새로운 과학적 발견이 이루어져 새로운 정의를 쓸모없는 것으로 만들어 버렸다. 새로운 발견은 수십 년 전에 제임스 맥스웰James Clerk Maxwell이 제안했던 아이디어를 실용적으로 사용할 수 있도록 한 것이었다.

1879년에 전자기학의 아버지인 맥스웰은 그의 동료였던 윌리엄 톰슨William Thomson에게 수정 결정의 진동 주기를 이용하면 지구의 공전 주기를 이용하는 것보다 더 정밀한 시간 측정이 가능할 것이라고 제안하는 편지를 보냈다. 앞에서 이야기했던 것처럼 이것은 20세기 초에 수정시계의 발명으로 실현되었다. 또한 그는 시간 측정에 사용되는 수정 진동자는 작은 물질이어서 오염에 주의해야 할 것이라고 이야기하고, 원자의 성질과 연결되어 있어 일정하게 유지되는 진동이 훨씬 더 좋은 시간 측정의 기준이 될 수 있을 것이라고 제안했다.

원자시계의 발명으로 맥스웰과 톰슨이 상상했던 시간 측정 방법이 1940년대에 현실적으로 가능해졌다. 원자시계의 경우에도 일정한 주기로 진동하는 주기적 현상을 이용하여 시간을 측정했다. 그러나 과거에 사용되던 시계와는 달리 사람이 만든 물체나 수정 결정이 아니라, 물질을 이루고 있는 원자의 성질과 연관되어 있는 현상을 이용했다.

미터의 기준을 다루면서 살펴보았던 것처럼 닐스 보어Niels Bohr가 제안한 원자 모형의 네 가지 가정 중 하나는 원자핵을 돌고 있는 전자가 높은 에너지 준위에서 낮은 에너지 준위로 건너뛸 때 일정한 에너지를 가지는 전자기파를 방출한다는 것이다. 이때 방출되는 전자기파의 진동수는 두 에너지 준위의 차이를 플랑크 상수로 나눈 값과 같다. 바꾸어 말하면 한 안정된 에너지 준위에 있는 전자를 높은 에너지 준위로 이동시키려면 두 에너지 준위의 차이와 같은 에너지를 공급해 주어야 한다.

따라서 모든 원자들은 에너지 준위에 의해 결정되는 일정한 에너지를 갖는, 따라서 일정한 진동수를 갖는 전자기파만 방출한다. 이런 복사선을 원소의 특성 스펙트럼이라고 부른다. 따라서 원소가 내는 특성 스펙트럼을 조사하면 원소의 종류를 알 수 있다. 원소가 내는 특성 스펙트럼은 측정하는 사람이나 주위 환경의 영향을 받지 않는다.

현대 원자시계는 1분에 9,192,631,770번 진동하는 전자기파를 방출하는 세슘 원자를 이용하여 시간을 측정한다. 이 값은 상수이고 불변하며 우주적인 값이어서 1초의 기준으로 사용하기에 적당하다. 세슘이 내는 전자기파의 진동수를 측정한 후 그 결과를 시간으로 전환하는 것이다. 1967년에 개최되었던 제13차 국제도량형총회에서는 1초를 세슘 원자의 특정한 두 에너지 준위 사이에서 방출되는 전자기파가 9,192,631,770번 진동하는 시간으로 새롭게 정의했다. 좀 더 정확하게 말하면, 바닥 상태에 있는 세슘-133 동위원소의 전자가 가장 낮은 두 에너지 준위 사이에서 전이할 때 방출되는 전자기파를 이용한다. 2018년에 열린 제21차 국제도량형총회에서 결정된 국제단위계의 새로운 정의에서는 이것을 $\Delta\nu Cs$라는 기호로 나타내기로 했다.

최초의 원자시계는 1949년에 미국국립표준국(현재 미국표준기술연구소NIST)에서 만들었다. 오늘날 NIST가 제공하는 공식 시간은 3억 년에 1초의 오차가 있을 정도로 정확하다.

이제 더 이상 늦은 것을 시계 핑계로 돌릴 수 없게 되었다.

## 모든 사람들을 위해,<br>그리고 모든 개인을 위해

하루 수십 분의 오차에서 3억 년에 1초의 오차로 발전한 것은 지난

700년 동안에 시간 측정 기술이 이루어낸 발전을 잘 나타낸다. 그러나 역설적이지만 인류가 시간을 정밀하게 측정할 수 있게 될수록 시간 자체의 개념은 점점 더 모호해졌다. 오늘날에도 이론 물리학에서는 시간의 의미에 대한 논쟁을 계속하고 있다.

17세기 측정의 경우와 마찬가지로 시간의 정의에서도 엄청난 패러다임의 변화가 있었다. 천 년 이상 동안 시간에 대한 과학적 그리고 철학적 논의가 정체 상태에 있었다. (4세기에서 5세기까지 활동했던 아우구스티누스의 시간에 대한 언급을 회상해 보자.) 코페르니쿠스가 그의 첫 번째 책을 출판하여 과학 혁명의 첫발을 내딛던 때에도 시간에 대한 이해는 사건이 일어날 때만 시간이 흐른다고 했던 아리스토텔레스의 생각을 답습하고 있었다.

농구 경기에서 시간을 재는 방법을 생각해 보자. 농구 경기의 경우에는 경기가 진행되는 경우에만 시계가 간다. 어떤 선수가 반칙을 해서 경기가 중단되면 시계도 멈춘다. 이러한 비유가 적절하지 않을는지는 몰라도 사건이 일어날 때, 즉 운동이 있을 때만 시간이 흐른다는 아리스토텔레스의 시간에 대한 생각은 농구 경기의 시간과 비슷한 점이 많다. 따라서 시간은 절대적인 것이 아니었다. 이러한 생각은 천 년 이상 동안 시간에 대한 지배적인 개념이었고, 중

세의 문화에 영향을 주었다. 그러나 갈릴레이와 뉴턴에 의해 이루어진 과학 혁명은 시간의 개념에도 큰 변화를 가져왔다.

갈릴레이와 뉴턴에 의해 시간은 누구에게나 그리고 어디에서나 똑같이 흘러가는 보편적인 것이 되었다. 시간은 이제 자연에서 물리 현상이 이루어지는 과정을 나타내는 절대적인 변수가 되었다. 따라서 모든 시계에 정확한 시간을 알려주는 세계시가 존재하는 것이 가능하게 되었다. 시간은 우리의 지각 작용과 관계없이 일정하게 흘러간다.

시간 개념의 혁명적인 변화는 우리가 이미 이야기했던 갈릴레이의 상대성 원리 또는 갈릴레이의 불변을 내포하고 있다. 이것은 서로 상대적으로 등속도로 운동하고 있는 관성계에서는 같은 물리 법칙이 성립한다는 것이다. 다시 말해 관성계에서의 물리 실험만으로는 정지해 있는지 등속도로 달리고 있는지 알 수 없다는 것이다.

고전 역학의 바탕을 이루는 갈릴레이의 상대성 원리와 뉴턴 역학은 여러 세기 동안 인류 문명에 많은 영향을 주었다. 고전 역학은 행성들의 운동을 설명하고, 모터와 비행기를 설계할 수 있도록 했다.

갈릴레이 변환은 시간에 대한 또 다른 의미를 내포하고 있었다. 그것은 두 좌표계에서 측정한 시간이 같다는 것이었다. 시간이 절대적인 물리량이 된 것이다. 뉴턴은 공간은 비어 있고 무한하며, 시간은 아무것도 없는 공간에서도 일정하게 흐른다고 생각했다. ("절대적인 수학적 시간은 자체적인 성질로 인해 외부적인 것에 영향을 받지 않고 일정하게 흐른다. 시간을 다른 말로 지속 시간이라고도 부른다.") 스포츠의 세계에서 뉴턴의 시간은 축구 경기장의 시간과 비슷하다. 축구 경기의 시간은 경기가 중단되더라도 90분 동안 계속 흐른다.

시간에는 누구에게나 똑같이 과거와 미래를 나누는 명확한 경계선이 존재한다. 나의 현재는 다른 모든 사람에게도 현재이다. 책을 떨어뜨리고 책이 바닥에 닿을 때까지 걸리는 시간을 정확하게 측정할 수 있다. 그리고 이 시간은 다른 곳에 있는 사람에게도 똑같다.

## 녹아내린 시간

전해지는 이야기에 의하면, 나이가 든 파블로 피카소Pablo Picasso와 인터뷰를 한 후 기자가 그에게 인터뷰 기념으로 그림을 하나 그려 달라고 요청했고, 이에 피카소가 연필로 그림을 그려 주었다고 한다. 기자가 피카소에게 "선생님은 이 그림을 그리는 데 몇 초밖에 걸리지 않았지만 이 그림을 수천 파운드에 팔 수 있다는 것을 알고 계십니까?" 하고 말했다. 그러자 피카소가 대답했다. "내가 이 그림을 그리는 데 8초 걸린 것이 아니라 80년이 걸렸어요."

미켈란젤로는 시스틴 성당의 그림을 그리는 데 4년이 걸렸지만, 다른 유명한 그림을 그리는 데는 이보다 짧은 시간이 걸렸다.

살바드로 달리Salvador Dalí는 그의 유명한 그림 인 〈기억의 영속The Persistence of Memory〉을 그의 아내 갈라가 두통으로 보지 못했던 영화를 보기 위해 극장에 다녀온 불과 몇 시간 동안에 그렸다고 한다. 1931년에 그린 이 그림에는 코스타 브라바Costa Brava의 풍경을 배경으로 녹아내린, 거의 액화된 주머니 시계가 그려져 있다. 액화된 시간은 시계로 측정하기도 하지만, 사람의 경험으로 측정한 미적 시간을 나타내기도 한다. 액화된 시계로 인해 객관적 시간은 유연해졌고 주관적이고 개인적인 것이 되었다. 시간이 상대적인 것이 된 것이다.

많은 비평가들은 달리가 그 당시 많은 사람들이 관심을 가지고 있던 아인슈타인의 상대성 이론으로부터 영향을 받았다고 주장했다. 영국의 천문학자였던 아서 에딩턴Arthur Eddington이 실험을 통해 싱대성 이론을 증명한 후 받았던 대중들의 관심을 생각해 보면 그런 주장을 이해할 수 있다. 에딩턴의 실험에 대해서는 킬로그램을 이야기할 때 다시 다룰 예정이다. 상대성 이론은 대학을 떠나 모든 사람들이 관심을 갖는 토론의 주제가 되었다. 달리의 그림이 그려지기 2년 전인 1929년에 《뉴욕 타임스》는 상대성 이론에 대해 다음과 같은 기사를 실었다.

> 아름다운 여성과 2시간 동안 같이 앉아 있으면 시간이 1분으로 느껴진다. 그러나 뜨거운 곳에 1분 동안 앉아 있으면 시간이 2시간으로 느껴질 것이다. 이것이 상대성 이론이다.

아인슈타인이 상대성 이론을 정말 이렇게 설명했을 리는 없지만, 상대성 이론이 시간의 절대성을 부인함으로써 시간의 개념을 혁명적으로 바꾸어 놓은 것은 사실이다. 시간은 이제 더 이상 절대적인 것이 아니라 기준계의 상대 속도에 따라 달라지는 상대적인 물리량이 되었다. 정지해 있는 관측자에게는 동시에 일어난 것으로 관측되는 두 사건이 상대적으로 운동하고 있는 관측자에게는 그렇게 관측되지 않는다. 갈릴레이 이후 3세기도 안 되어 시간이 또 다른 혁명을 경험하게 된 것이다.

18세기 말까지는 역학의 기본적인 요소가 갈릴레이의 상대성 원리와 절대 시간이었다. 그리고 전자기학의 발전이 있었다. 전기적인 현상과 자기적인 현상을 설명하는 전자기학은 사회와 경제, 그리고 일상생활의 일부가 되었다. 전깃불과 마르코니Marconi의 대서양 횡단 무선 통신, 그리고 최초의 전기 모터의 혁명적 발전을 생각해 보자. 1892년에 로마와 사비네 언덕 가까이 있는 티볼리 사이에 전력을 송전하기 위한 실험적 송전선이 설치되었다. 한마디로 말해 전자기학이 실생활에 널리 응용되고 있었다. 따라서 과학자들이 전자기학의 기본 방정식인 맥스웰 방정식이 갈릴레이의 상대성 원리와 일치하지 않는다는 것을 발견한 것은 큰 문제가 아닐 수 없었다. 맥스웰 방정식은 갈릴레이 변환에 불변이 아니었다. 전기적 성질과 자기적 성질은 정지해 있는 관측자와 상대적으로 운동하고 있는 관측자에게 다르게 관측되었다. 이것은 정말 큰 문제였다!

문제는 간단한 사실에 기초하고 있었다. 슈퍼맨을 기억하고 있는가? "빛보다 빠른 속력으로!" 앞에서 살펴본 것처럼 이것은 상상 속에서나 가능한 일이다.

## 상대론적 현재

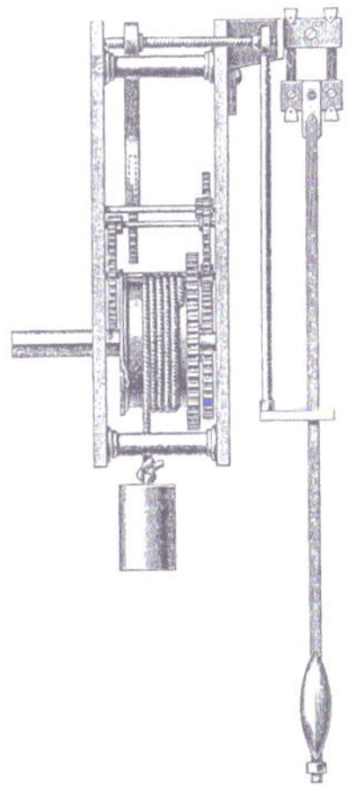

영국의 재무부 장관이 마이클 패러데이Michael Faraday에게 "당신이 하고 있는 이 실험이 무슨 소용이 있습니까?"라고 물었다. 19세기 중엽이라는 것을 감안해도 이것은 무례한 질문이었다. 왕립연구소에서 일하고 있는 과학자인 패러데이는 그의 연구에 대한 재무부 장관의 의견에 신경을 쓰지 않을 수 없었다. 그러나 패러데이는 당황하지 않고 대답했다. "정확하게 말씀드릴 수는 없습니다만, 언젠가 여기에 세금을 부과할 수 있을 겁니다." 그의 말은 옳았다. 그가 하고 있던 연구는 자기장 안에서 도선을 움직여 역학적 에너지를 전기 에너지로 전환하는 실험이었다. 원리적으로 보면 현대 발전기의 시제품을 만드는 연구였다.

전기요금 고지서에 포함되어 있는 세금을 보면 패러데이가 놀라운 상상력을 가지고 있었다는 것을 알 수 있다. 이 시기는 전자기학이 태동하고 있던 때였다. 한편에서는 더 많은 실용적인 전기 제품에 대한 연구가 진행되고 있었고, 또 다른 한편에서는 패러데이의 연구를 기반으로 완전한 전자기학 이론인 맥스웰 방정식이 그 모습을 드러내고 있었다. 전기장과 자기장의 행동을 설명하는 맥스웰 방정식은 누구도 예상하지 못했던 중요한 결론을 내포하고 있었다. 전구와 같은 광원을 생각해 보자. 광원에서 방출된 빛은 광원의 속도와 관계없이 항상 초속 299,792,458미터로 달린다. 다시 말해 우리가 아무리 빨리 달려도 빛은 항상 초속 299,792,458미터의 속력으로 우리로부터 멀어진다. 빛은 기준계의 속도와 관계없이 항상 같은 속력으로 달린다.

이것은 갈릴레이의 상대성 원리와 다른 결과였으므로 심각한 문제였다. 이 문제를 해결한 사람은 아인슈타인이었다. 그는 다음과 같은 두 가지 전제로부터 시작했다.

1. 상대적으로 등속도로 운동하는 모든 기준계에서 동일한 물리 법칙이 성립한

다. 다시 말해 물리 법칙으로는 기준계의 운동을 결정할 수 없다. 이것을 다른 말로 하면 절대 속도는 없다는 것이다.

2. 모든 관성계에서 측정한 빛의 속력은 같다.

이런 조건을 만족시키기 위해 아인슈타인은 서로 상대적으로 $v$의 속력으로 운동하고 있는 두 기준계 사이의 물리량의 변환을 나타내는 갈릴레이 변환 식을 다음과 같이 수정했다.

$$x' = \frac{x - vt}{\sqrt{1 - \frac{v^2}{c^2}}}$$

$$y' = y$$

$$z' = z$$

$$t' = \frac{\left(t - \frac{vx}{c^2}\right)}{\sqrt{1 - \frac{v^2}{c^2}}}$$

갈릴레이 변환 식보다 조금 더 복잡한 이 변환 식은 혁명적인 것이었다. 갈릴레이 변환 식에서는 시간이 기준계나 위치를 나타내는 좌표와 독립적인 변수였다. 시간은 모든 좌표계에서 똑같이 흘러갔다. 그러나 아인슈타인의 경우에는 시간이 절대성이라는 지위를 잃어버렸다. 시간을 나타내는 $t$도 위치를 나타내는 좌표들과 섞여 상대적인 양이 되어 버렸다. 따라서 시간이 더 이상 독립적이고 절대적인 변수가 아니게 되었다.

특수 상대성 이론에 의하면 상대적으로 달리고 있는 기준계의 시계는 천천히 간다. 다시 말해 시간 지연이 일어난다. 빛의 속력에 가까울 정도로 빠르게 달리고 있는 기차 안의 시계가 1초의 시간 경과를 나타낸다면, 정거장에 있는 관측자의 손목시계는 1초보다 더 긴 시간이 흘렀음을 나타낼 것이다. 예를 들어 빛 속력의 90%에 해당하는 초속 27만 킬로미터로 달리고 있는 기차의 경우 정거장에 있는 관측자의 시계가 10분이 지났음을 나타내면, 기차 안의 승객의 시계는 4분보다 조금 더 지났음을 나타낼 것이다. 오랫동안 젊게 살고 싶다면 빛의 속력에 가까울 정도로 빠르게 달리고 있는 기차를 타고 달리면서 살아가면 된다.

아인슈타인의 상대성 이론은 갈릴레이 상대성 원리에서는 자명한 것으로 여겨지던 동시성의 개념도 바꾸어 놓았다. '현재' 또는 '지금 이 순간'이라는 말이 더 이상 누구에게나 같은 의미를 갖지 않게 되었다. 이전에는 '현재' 또는 '지금 이 순간'이라는 말이 우주 어디에서나 정확하게 같은 순간을 나타냈지만, 아인슈타인의 상대성 이론에서는 한 기준계에서 동시에 일어난 두 사건이 다른 기준계에서는 더 이상 동시에 일어난 사건이 아니게 되었다. 다른 장소에서 동시에 일어난 두 사건, 즉 정지해 있는 관측자가 동시에 일어났다고 관측한 두 사건이 상대적으로 운동하고 있는 관측자, 예를 들어 기차를 타고 달리고 있는 관측자에게는 동시에 일어난 사건이 아닐 수 있다. 이제 더 이상 '현재'라는 말을 사용할 수 없게 된 것이다.

이 책을 읽고 있는 이 순간에 대해 생각해 보자. 갈릴레이 상대성 원리에서는 과거와 미래 사이에 명확하게 정의된 경계선이 존재했고, 이 경계선은 전 우주에까지 연장되어 있었다. 과거와 미래 사이에 이 책을 읽고 있는 순간을 나타내는 '현재'라는 절대적인 경계가 있었다. 그러나 아인슈타인은 모든 것을 바꾸어 놓았다.

## 시공간의 그림자

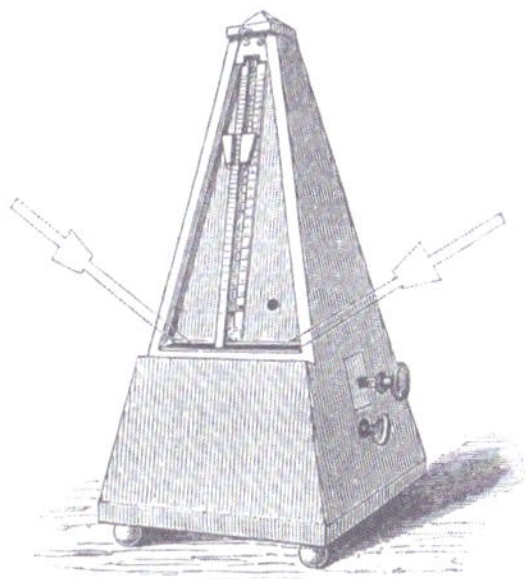

우주 비행사가 야심적인 우주 임무를 수행하기 위해 태양계에서 가장 가까이 있는 별들 중 하나인 프록시마 켄타우리Proxima Centauri에 도착했다고 가정해 보자. 이 별은 지구로부터 약 4광년, 즉 40조 킬로미터 정도 떨어져 있다. 따라서 빛이 지구에서 프록시마 켄타우리까지 가는 데는 약 4년이 걸린다. 이것은 신호가 지구에서 이 별까지 도달하기 위해 걸리는 시간의 최솟값이다.

이 별에 도착한 후 우주 비행사는 한 소셜 네트워크를 이용해 지구에 있는 친구와 대화를 하려고 했다. 대화 도중에 두 친구는 서로의 상황을 생생하게 알려주기 위해 영상 통화를 시도했다. 이 경우 우주 비행사가 보낸 영상은 4년 후에나 친구에게 도달한다. 두 사람 사이의 모든 통신에 4년의 지연이 발생하는 것이다. 우주 비행사가 "나는 지금 프록시마 켄타우리에 살고 있는 생명체들이 내 주위를 돌아다니는 것을 보고 있다."고 말했다고 하자. 그러나 우주 비행사의 '현재'는 지구에 있는 우리의 '현재'와 전혀 다른 의미를 가지고 있다.

우주 비행사가 보낸 영상을 보고 있는 우리의 '현재'는 별에서는 이미 4년 전의 일이다. 과거와 미래를 나누어 놓는 우주적인 '현재'가 존재하지 않게 된 것이다. 우리는 지금 이 순간 프록시마 켄타우리에서 무슨 일이 일어나고 있는지 알지 못한다. 프록시마의 주민들이 우주 비행사에게 커피를 권했는지, 아니면 우주 비행사가 프록시마의 주민을 우주선에서 사용할 연료로 전환했는지 알 수 없다. 우리는 4년 후에나 무슨 일이 있었는지 알 수 있는 것이다.

그리고 우리가 태양 빛을 보고 있는 이 순간, 우리는 태양이 지금도 빛나고 있는지 알 수 없다. 태양이 지금 이 순간 사라진다고 해도 빛이 태양에서 지구까지 도달하는 데 걸리는 시간인 8분 후에나 그것을 알 수 있기 때문이다.

최근 작동을 개시하고 아름다운 우주의 모습을 우리에게 전해

주고 있는 미국항공우주국NASA과 유럽우주국, 그리고 캐나다우주국이 공동으로 개발한 제임스 웹 우주 망원경은 이런 물리 과정을 이용하여 우주의 기원을 탐사하고 있다. 오늘날 우리가 관측하는 빛은 실제로는 우주 초기의 은하들이 낸 빛이다. 제임스 웹의 홈페이지에는 이에 대해 다음과 같이 설명해 놓았다.

> 웹은 이전에는 관측할 수 없었던 시공간을 직접 관측할 수 있다. 웹은 135억 년 전에 최초의 별들과 은하들이 만들어지는 순간을 볼 수 있을 것이다.

'현재'는 물리적으로 관측이 가능하지 않다. 프록시마의 경우를 예로 들어 보자. 프록시마까지 신호가 도달하기 위해서는 4년이 걸린다. 프록시마에서 4년 전부터 현재까지 일어난 사건들은 틀림없이 과거에 일어난 사건들이다. 그리고 프록시마에서 현재부터 앞으로 4년 동안 일어날 일들은 틀림없이 우리의 미래에 속하는 사건들이다. 그러나 이 8년 동안에 일어나는 사건들은 엄밀하게 말해 우리의 과거나 미래에 속하는 사건들이 아니다.

4년 전부터 현재까지 일어난 사건들이 우리의 과거에 속한다면 우리가 그 사건에 대해 알고 있어야 하지만 우리는 알 수 없다. 그리고 지금부터 4년 후까지 일어나는 사건들이 우리의 미래에 속하는 사건들이라면 우리가 그 사건들에 영향을 줄 수 있어야 하지만 그

것이 가능하지 않다. 슈퍼컴퓨터가 지금부터 6년 후에 프록시마 켄타우리에 비가 온다고 예보했다고 하면 우리는 프록시마에 가 있는 우주 비행사에게 우산을 준비하라고 알려줄 수 있어야 한다. 그러나 3년 후에 비가 온다는 것을 알고 있다고 해도 그것을 알려줄 수 있는 방법이 없다.

과거의 사건들은 관측자에게 빛 신호를 보낼 수 있고, 따라서 관측자에게 영향을 줄 수 있다. 미래의 사건들에는 관측자가 신호를 보내 사건에 영향을 줄 수 있다. 그렇다면 시공간에는 우리가 영향을 받을 수도 없고 영향을 줄 수도 없는 또 다른 영역에 속해 있는 사건들이 있다. 어떤 것도 빛보다 빠를 수 없기 때문이다. 아인슈타인의 상대성 이론의 결과 중 하나인 이 새로운 사건들은 과거나 미래가 아닌 확장된 현재에 속하는 사건들이다. 확장된 현재의 크기는 위치에 따라 달라진다. 태양의 경우에는 16분이고, 프록시마 켄타우리의 경우에는 8년이다. 아인슈타인 이전에는 공간과 시간이 독립적인 실체였지만 이제는 서로 섞이게 된 것이다. 따라서 시간과 공간은 따로 떼어서 다룰 수 없게 되었고, 서로 섞여 시공간이 되었다. 이것은 쉽게 받아들일 수 있는 개념이 아니다. 우리 경험에는 절대적인 시간 개념이 단단하게 뿌리를 내리고 있다.

취리히에서 아인슈타인에게 수학을 가르쳤던 헤르만 민코프스키Hermann Minkowski는 시공간에 대해 다음과 같이 설명했다.

공간이나 시간 자체는 그림자 속으로 사라져 버리고, 시간과 공간이 결합한 시공간이라는 독립적인 실체만이 남게 될 것이다.

## 일상생활 속의 상대성 이론

$$E=mc^2$$

시간은 가까운 곳에 있는 물체에 의해서도 영향을 받는다. 다음 식은 특수 상대성 이론으로부터 이끌어낸 결과 중 하나이다.

$$E = mc^2$$

일반 성대성 이론을 통해 아인슈타인은 상대성 원리와 또 하나의 기본 법칙인 뉴턴의 중력 법칙을 결합하였다. 중력 법칙은 물질이 중력을 통해 어떻게 상호작용하는지 설명하는 법칙이다. 시공간은 행성들의 운동을 지배하는 원격 작용에 의한 힘이 작용하는 비어 있는 공간이 아니다. 시공간은 이제 유연한 실체이며 중력이 작용하는 선들로 이루어진 네트워크이다.

매트리스가 그 위에 앉아 있는 사람 크기만큼 움푹 파이는 것처럼, 이 네트워크는 물체의 질량에 비례하여(질량이 많을수록 더 크게) 휘어진다. 질량이 큰 물체는 주변의 시공간을 휘게 만들고, 다른 물체들은 곡률을 따라 물체를 향해 운동하게 된다. 지구는 속력으로 인해 사이클 선수가 트랙을 도는 것처럼 태양 주위를 돌고 있다. 올림픽 경기를 중계할 때 사이클 선수들이 바깥쪽을 높게 만든 경사진 트랙을 따라 도는 것을 본 적이 있을 것이다. 사이클 선수들은 경기를 할 때만 높은 쪽으로 올라가고, 경기가 끝나 속력이 줄어들면 트랙의 가장 낮은 쪽으로 내려온다. 지구가 속력을 줄이면 태양 쪽으로 끌려가 태양에 충돌해 버릴 것이다. 일반 상대성 이론은 빛도 빠져나올 수 없을 정도로 많은 질량을 가지고 있는 블랙홀을 이해할 수 있도록 해주었다.

일반 상대성 이론은 우리가 가지고 있는 시간에 대한 개념을 다시 한번 바꾸어 놓았다. 시간은 관측자의 상대 속도에 따라 달라질 뿐만 아니라 중력에 의해서도 달라지는 양이 되었다. 시간에 남아 있던 절대성의 마지막 부분까지 없애버린 것이다. 질량 가까이에서는 시간이 천천히 간다. 따라서 지구에서는 높이 올라갈수록(지구 중심에서 멀어질수록) 시간이 빠르게 가고, 낮게 내려올수록 시간이 천천히 간다. 다시 말해 키가 큰 사람들이 작은 사람들보다 빨리 나이를 먹는다.

우리가 살아가는 세상에서는 중력에 의한 시간 차이가 아주 작지만, 이 장의 앞부분에서 이야기했던 하펠레와 키팅의 실험이 보여주었던 것처럼 상대성 이론에 의한 시간 지연을 측정하는 것이 가능하다. 2018년에 이탈리아 국립기상연구소 연구원들이 이동 가능한 원자시계를 알프스에 있는 고도 1,200미터의 프러주스 로드 터널Fréjus Road Tunnel로 가져갔다. 그들은 산 위로 가져간 시계가 고도가 200미터인 튜린에 있는 연구소 원자시계보다 빠르게 간다는 것을 증명했다.

일반 상대성 이론을 증명하는 가장 놀라운 실험은 최근에 중력파를 측정한 실험이었다. 두 블랙홀의 충돌과 같이 우주 크기에서 질량의 배치가 달라지면 시공간에 주름이 생기게 되는데, 이 주름이 바다의 파도처럼 퍼져나가는 것이 중력파이다.

그러나 상대성 이론이 설명하는 시간의 변화는 훨씬 더 실용적으로 응용할 수 있다. 우리 모두 이 현상을 이용하는 기계를 주머니에 넣고 다니고 있다. 우리가 사용하고 있는 대부분의 스마트폰에는 GPS(지구위치추적 시스템)가 내장되어 있다. GPS가 상대성 이론을 이용하여 시간을 보정하지 않으면 위치의 계산에 큰 오차가 나타난다. GPS 위성은 지상 2만 킬로미터 상공에서 시속 1만 4,000킬로미터의 속력으로 지구를 돌고 있다. 이러한 수치를 이용하여 계산해 보면 특수 상대성 이론에 의한 시간 지연이 하루에 약 7마이크로초 정도 발생한다. 마이크로초는 100만분의 1초를 뜻한다. 이것은 짧은 시간이지만 GPS 위성이 보내는 신호는 1나노초에 약 30센티미터를 진행하기 때문에 7마이크로초는 2킬로미터의 오차를 나타낸다. 여기에 지상 2만 킬로미터에서 지구를 돌고 있는 인공위성의 중력 효과까지 감안하면 오차는 18킬로미터로 커진다. 이것은 아인슈타인이 없었더라면 GPS는 절대로 가능하지 않았을 것임을 나타낸다.

# 3 질량을 재는 '킬로그램'

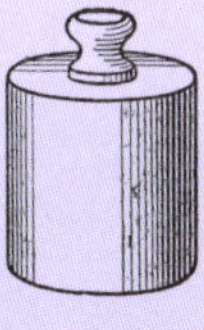

Kilogram

# 편지들

친애하는 에도아르도,

친애하는 총통!

이렇게 시작되는 두 통의 편지가 공통점을 가지고 있을 것이라고는 상상하기 어려울 것이다. 하나는 친구에게 손으로 쓴 편지고, 하나는 타이프를 이용해 아돌프 히틀러Adolf Hitler에게 쓴 편지이다. 그러나 이 두 통의 편지 사이에는 많은 공통점이 있다. 우선 두 편지를 쓴 시점이 비슷하다. 첫 번째 편지는 1944년 8월 15일에 썼고, 두 번째 편지는 같은 해 10월 25일에 썼다. 따라서 두 편지를 쓴 날짜는 몇 주밖에 차이가 나지 않는다.

다음에는 사랑하는 사람들(장인과 아들)에 대한 걱정과 행간에서 읽을 수 있는 필자 자신이 한 일에 대한 열정, 그리고 사랑하는 사람들이 파시즘과 나치즘의 공포스러운 독재를 몰아내려고 했다는 공통점을 가지고 있다. 그리고 무엇보다도 이 편지를 쓴 두 사람은 엔리코 페르미Enrico Fermi와 막스 플랑크Max Planck로 역사상 가장 뛰어난 물리학자들이었다는 공통점을 가지고 있다.

1944년 여름은 엔리코 페르미에게 큰 변화가 있었던 시기였다. 이 편지를 쓴 곳은 시카고였지만 페르미는 뉴멕시코에 있는 로스 알라모스로 곧 떠날 예정이었다. 베니토 무솔리니Benito Mussolini의 인종차별 정책의 희생자였던(페르미의 아내 로라Laura가 유대인이었음) 그는 1938년 노벨상을 수상한 후 이탈리아를 떠났다. 그는 스톡홀름으로 가서 노벨상 시상식에 참석한 후 닐스 보어를 만나기 위해 코펜하겐에 잠시 들렀다가 미국으로 건너갔다.

페르미는 미국 생활을 뉴욕주에 있는 컬럼비아대학에서 시작했지만, 이후 시카고대학으로 옮겼다. 1942년에 그는 시카고대학에서 우라늄 파일을 만들고 최초로 연쇄 핵분열 반응을 성공시켰다. 우라늄의 연쇄 핵분열 반응은 원자핵 에너지를 이용하는 길을 연 중요한 실험이었다. 그리고 1944년에 그는 로버트 오펜하이머Robert Oppenheimer로부터 맨해튼 프로젝트 연구를 위해 로스 알라모스로 와 달라는 요청을 받았다. 맨해튼 프로젝트는 후에 히로시마와 나가사키에 투하된 원자폭탄을 만드는 프로젝트였다.

페르미가 쓴 편지의 수신자는 비아 파니스페르나의 소년들Via Panisperna Boys(역자주: 페르미가 이끌던 젊은 과학자 그룹의 별명으로 연구소가 위치해 있던 곳의 지명에서 유래한 이름)이라고 불리던 로마에 있는 젊은 과학자 그룹에서 가장 나이가 어린 에도아르도 아말디Edoardo Amaldi였다. 로마는 그때 막 수복되었다. 마크 웨인 클라크Mark Wayne Clark 장군이 지휘하는 미국 군대가 6월 4일에 로마에 입성했다. 통신이 재개되자 페르미는 그의 동료와 친구들에게 편지를 썼다.

친애하는 에도아르도! 최근에 이탈리아에서 돌아온 푸비니●로부터 너의 소식을 들었다. 이제 로마와의 우편 업무가 공식적으로 재개되어 이 편지가 너에게 도착할 것이라고 생각한다.

그런 다음 그는 아내 로라(라라) 캐폰Laura(Lalla) Capon의 아버지인 아우구스토 캐폰Augusto Capon에 대해 썼다.

너도 예상하고 있겠지만 라라는 아버지 소식을 듣고 몹시 걱정하고 있다. 아버지가 어떻게 될지 모른다는 것은 아버지가 세상을 떠났다는 것을 아는 것보다 훨씬 더 견딜 수 없는 일이다.

유대인이었던 아우구스토 캐폰은 이탈리아 해군의 유능한 장군이었으며 무솔리니의 친구였다. 1938년까지 그는 해군 비밀정보국의 책임자였다. 그러나 그러한 직책도 1943년 10월 16일에 있었던 이탈리아군과 독일군의 유대인을 체포하기 위한 수색을 피할 수 없었다. 그날 캐폰은 일기에 다음과 같이 썼다.

로마에서 믿을 수 없는 일이 벌어지고 있다. 오늘 아침 일단의 파시스트들

● 유제니오 푸비니Eugenio Fubini는 로마에서 페르미에게 배웠던 이탈리아 물리학자로, 1938년 인종차별 법률에 의해 이탈리아에서 추방되기 전까지 튜린대학에서 학생들을 가르쳤다. 미국에서 그는 케네디 행정부에서 국방장관보를 역임했고, 자신의 컨설팅 회사를 설립하기 전까지 IBM의 부사장 겸 수석 과학자였다.

이 몇 명의 독일 군인과 함께 노소와 성별을 가리지 않고 유대인들을 체포하여 알 수 없는 곳으로 데려갔다. 이런 일이 일어난 것은 확실하지만, 어떻게 일어났는지는 알 수 없다.

캐폰은 그다음 주에 아우슈비츠에서 죽었다.

편지 끝부분에서는 이탈리아 물리학의 미래에 대한 그의 생각을 이야기했다. 여러 해 동안 파시즘으로 인한 암흑 속에서 이탈리아에서의 연구 활동이 중지되었지만, 페르미는 낙관적인 생각을 피력했다.

나는 너와 빅●이 곧 과학 연구로 돌아갈 수 있을 것이라고 생각한다. 나는 네가 미래에 대해 낙관적인 생각을 가지고 있다는 이야기를 듣고 기뻤다. 대서양 이쪽에서 판단할 때 이탈리아의 재건이 유럽의 다른 나라들의 재건보다 덜 어려울 것이라고 생각한다. 나는 파시즘이 저렇게 나락으로 떨어진 것에 대해서는 조금의 유감도 없다.

한편 뛰어난 독일 물리학자로 1918년 노벨상 수상자이자 양자역학의 아버지 중 한 사람인 막스 플랑크Max Planck가 쓴 편지의 수신자는 전쟁의 공포와 유대인 학살의 중심인물인 히틀러였다. 그는

● 지안 카를로 빅Gian Carlo Wick은 로마에서 페르미의 조교로 일했던 이탈리아의 이론물리학자로, 1946년 이후에는 미국에서 여러 대학의 교수로 일했다

그의 아들 에르빈Erwin을 살려내기 위해 이 편지를 썼다.

플랑크는 히틀러가 정권을 잡은 직후인 1933년에 개인적으로 그를 만난 적이 있었다. 그 당시 75세였던 플랑크는 독일에서 가장 권위 있는 과학자였으며, 독일 과학계를 이끌어 가던 카이저 빌헬름 과학진흥협회 회장이었다. 플랑크는 몇 달 전 취임한 새로운 총통과의 공식적인 만남을 요청했다.

이 만남의 목적은 그에게 존경을 표하는 것이었지만, 그는 이 기회를 이용해 유대인 과학자들을 대신하여 총통의 자비를 요청했다. 플랑크는 나치의 광기 어린 정치를 반대했음에도 불구하고, 독일을 떠나 망명길에 올랐던 많은 동료들과는 달리 독일을 떠나지 않고 있었다. 플랑크가 히틀러를 만나던 바로 그 시기에 유대인 동료들이 인종차별법으로 고통을 받고 직장에서 해고되기 시작했다. 그들 중에는 플랑크의 친구였던 1918년에 노벨 화학상을 수상한 프리츠 하버Fritz Haber도 포함되어 있었다. 그는 제1차 세계대전에서 사용된 화학무기의 개발을 주도한 사람이었다.

확신이 없었기 때문이었는지, 아니면 용기가 부족했었는지, 그것도 아니면 현실주의자였기 때문이었는지 모르지만, 플랑크는 히틀러에게 인종차별법에 반대한다는 이야기는 하지 않았다. 그렇게 했더라면 그는 안전하게 집으로 돌아갈 수 없었을 것이다. 그러나 그는 독일이 많은 유대 지성인들의 재능을 잃는 것은 독일이 자폭하는 일이라고 히틀러를 설득하려고 했다. 플랑크는 하버의 애국적인 과학적 공헌이 없었다면 독일은 제1차 세계대전에서 훨씬 일찍 패배했을 것이며, 많은 뛰어난 독일 과학자들이 유대인이라고 강조했다.

그러나 히틀러는 그의 말에 귀를 기울이지 않았다. 그는 플랑크에게 "나는 유대인 자체를 싫어하는 것이 아닙니다. 하지만 유대인은 모두 공산주의자입니다. 나의 적은 공산주의자들이에요. 나는 공산주의자들과 싸우고 있는 겁니다."라고 말했다. 그리고 그는 플랑크에게 모욕을 주기라도 하는 것처럼 "몇 년 동안은 과학 없이도 잘 해나갈 수 있을 거예요."라고 말했다. 나치와 파시즘을 피해 미국으로 건너가 원자폭탄 개발에 참여한 물리학자들의 수와 능력을 생각해 보면 히틀러의 이런 생각은 확실히 큰 대가를 치렀다. 그들의 대화가 갑자기 히틀러의 비이성적인 혼잣말로 변했다. 플랑크는 침묵하고 있는 것 외에 할 수 있는 일이 아무것도 없었다.

플랑크가 히틀러를 만나고 11년이 흐른 다음에 있었던 두 번째 총통과의 접촉 시도는 편지를 통해서였다. 히틀러는 세계를 전쟁 속으로 끌어들였고, 이제는 거친 파도가 나치 독일을 향해서 밀려오고 있었다. 플랑크는 나이를 먹었고 삶에 지쳐 있었다. 그의 과학적 성공에도 불구하고 그의 가족은 연속적으로 불행을 겪었다. 1909년에 그는 첫 번째 아내를 잃었고, 그의 큰아들 칼은 제1차 세계대전 중 베르덩 전투에서 전사했다. 쌍둥이 딸인 그레타와 엠마는 1917년과 1919년에 어린 나이로 죽었다. 1944년에는 베를린에 있던 그의 집이 폭격으로 파괴되었다. 그의 둘째 아들 에르빈은 1914년에 감옥에 수감되었지만 집으로 돌아올 수 있었다. 제1차 세계대전이 끝난 후 정부에서 여러 지위에 있었던 그는 프란츠 폰 파펜Franz von Papen과 쿠르트 폰 슐라이처Kurt von Schleicher 수상 아래서는 국무장관까지 승진했다. 1933년에 슐라이처가 사임하고 히틀러가 정권을 잡은 후 에르빈은 정부 직책을 사임하고 사업에 전념했다. 이 동안에도 정치에 큰 관심을 가지고 있던 그는 점점 히틀러에 비판적이 되어 갔다.

1943년 마지막 달에 에르빈은 히틀러를 몰아내고 연합국과 평화조약을 체결하려고 했던 발키리 작전을 추진하는 사람들과 합류했다. 이 작전을 수립한 사람은 클라우스 폰 슈타우펜베르크Claus von Stauffenberg 대령이었다. 이 계획은 라슈텐부르크에 있던 늑대의 소굴이라고 불리던 본부에서 폭탄으로 히틀러를 암살하는 것이었다. 1944년 7월 20일에 참모 회의에 참석했던 슈타우펜베르크가 폭탄이 들어 있는 손가방을 히틀러 가까이에 있는 회의실 테이블 아래 놓아두었다. 폭발 직전에 어떤 사람이 손가방을 발로 밀어넣는 바람에 폭탄이 터졌지만 히틀러는 약간의 부상을 당하는 것으로 끝났다. 기폭 장치 중 하나만 작동한 것도 암살 실패의 원인 중 하나였다. 폭발이 있은 후 발키리 작전에 참여한 사람들과 다른 많은 사람들이 체포되었다. 그들 중에 에르빈 플랑크도 포함되어 있었다. 게슈타포는 그를 즉시 사형하려고 했다. 에르빈의 80대 아버지는 지인들을 모두 동원하고 위대한 과학자로서의 그의 명성을 최대한 이용하여 아들을 구하려고 필사적으로 노력했다. 10월 25일 그는 히틀러에게 편지를 썼다.

> 친애하는 총통!
>
> 저는 아들 에르빈이 인민재판에서 사형 판결을 받았다는 소식을 듣고 깊은 충격을 받았습니다. 총통께서 명예로운 방법으로 반복해서 저에 대해 언급하셨던 조국을 위한 저의 공헌을 인정해서 이 87세 노인의 말에 귀를 기울여 주실 것을 믿습니다. 영원한 독일 지성의 자산이 될 저의 일생의 업적에 대한 독일 국민들의 감사의 표시로 제 아들의 목숨을 살려주실 것을 부탁드립니다.
>
> 막스 플랑크

플랑크의 편지에도 페르미의 편지에서와 마찬가지로 물리학에 대한 열정이 드러나 있었다. 노벨상 수상자이며 끝까지 조국에 충성했던 플랑크가 그의 조국인 독일뿐만 아니라 인류 전체의 유산이 될 자신의 업적을 자랑스럽게 상기시키고 자비를 요청했다. 그것은 절망에서 비롯된 행동이었다. 편지를 쓸 때 그는 11년 전 그가 만났던 히틀러를 떠올렸을 것이고, 당시 유대인에게 자비를 베풀지 않았던 그가 지금도 자신의 가족에게 자비를 베풀지 않을 것임을 알고 있었을 것이다. 과학이 1분 동안만이라도 나치의 환상에 흠집을 내는 것이 가능했을까? 에르빈 플랑크는 1945년 1월 23일 교수형에 처해졌다. 4일 후에 소련의 붉은 군대가 유대인 학살을 자행했던 아우슈비츠 수용소를 해방시켰고, 유대인 대학살의 진상이 세상에 알려지게 되었다.

## 달란트와 카르보 씨앗

긴 여행을 떠나는 사람이 노예들을 불러 돈을 나누어 주었다. 노예에게 각자의 능력에 비례해서 각각 5달란트, 2달란트, 그리고 1달란트를 주었다. 그런 다음 그는 여행을 떠났다. 5달란트를 받은 노예는 그 5달란트를 이용해 5달란트를 더 벌었다. 2달란트를 받은 노예도 그것을 밑천으로 2달란트를 더 벌었다. 그러나 1달란트를 받은 노예는 땅을 파고 그 1달란트를 묻어 놓았다. 시간이 지난 후에 주인이 돌아와 그들과 정산을 했다.

마태복음에 실려 있는 이 우화는 신약성경 중에서 가장 널리 알려진 이야기 중 하나일 것이다. 주인이 노예들에게 맡긴 달란트는 신이 인간에게 준 선물을 나타내고, 그것을 잘 이용한 사람은 보상을 받는다. 많은 경우 성경에서 '달란트talent'라는 명사는 비유적인 의미로 사용되고 있지만, 마태가 이야기한 달란트는 매우 구체적인 대상을 나타냈다.

달란트는 고대 메소포타미아 문명에서 사용했던 무게의 단위였다. 고대 그리스에서는 1달란트가 특수한 형태의 항아리를 가득 채울 수 있는 물의 무게인 26킬로그램에 해당했다. 그리고 이것은 일정한 무게의 귀금속을 나타내기도 했다. 우화에 나오는 달란트는 은으로 만들었을 가능성이 크며, 이것은 군선에서 노를 젓는 모든 노예, 즉 노예 약 200명의 한 달치 월급을 주기에 충분했다.

길이와 시간의 경우와 마찬가지로 인류는 문명을 시작하면서부터 무게를 측정하기 시작했다. 좀 더 정확하게 말하면 국제단위계에 나타나 있는 물리량은 무게가 아니라 질량이라고 해야 한다. 일상 대화에서는 '무게'와 '질량'을 혼동하여 사용하고 있다. 우리가 지구 표면에서만 살아가고 있기 때문이다. 지구 표면에 있는 물체에는 지구가 끌어당기는 중력이 항상 작용하고 있기 때문에 우리는 저울을 이용하여 쉽게 무게를 측정할 수 있다. 뉴턴이 이해했던 것처럼 지구 표면에서의 중력은 질량에 비례한다. 힘을 측정하는 것은 비교적 쉽다. 특히 법정을 나타내는 로고에서 흔히 볼 수 있고 1936년에 주조한 50센트 미국 기념 주화에 새겨져 있는 것과 같은 천칭이나 채소를 파는 상점에서 사용하는 막대 저울을 이용하면 쉽게 물체에 작용하는 중력을 비교할 수 있다. 두 경우 모두 물체에 작용하는 중력과 표준 질량에 작용하는 중력을 비교하여 무게를 결정한다.

길이나 시간의 경우와 마찬가지로 질량 측정도 일상생활, 특히 상업에서의 필요에 의해 시작되었다. 발굴된 고대 유물에 의하면, 오늘날 파키스탄에 속해 있는 인더스 골짜기에서는 기원전 2400년에서 1700년 사이에 이미 저울을 사용했다. 비슷한 시기(기원전 1878~1842년)에 이집트에서도 저울이 사용되었다. 그러나 나일강 유역에서 시작된 문명에서 상업이 크게 발전했던 것으로 보아 이보다 훨씬 이른 시기부터 질량의 측정이 시작되었을 것으로 보인다. 그 당시에도 저울이 은유적 의미를 가지고 있었다. 죽은 사람과 무덤의 수호신으로 자칼의 머리를 하고 있는 아누비스는 천칭을 이용하여 죽은 사람의 심장 무게와 깃털의 무게를 비교했는데, 심장의 무게는 다음 세상으로 그를 받아들일지 판단하는 기준이 되었다. 고고학적 발굴을 통해 찾아낸 것은 주로 저울추로 사용했던 잘 연마된 돌멩이와 막대 저울에 사용되었던 저울대였다. 저울을 의미하는 영어 단어 balance는 라틴어에서 2개를 뜻하는 *bis*와 팬을 뜻하는 *lanx*가 합쳐진 단어이다.

고대 로마에서 질량을 측정하는 기본 단위는 리브라 librae(파운드)였다. 리브라는 라틴어에서 저울을 뜻한다. 많은 고대 질량 단위들은 곡식이나 카르보의 씨앗에서 유래했다. 카르보의 씨앗에서 유래한 단위인 캐럿carat은 지금도 귀금속의 무게를 측정하는 단위로 사용되고 있다. 그러나 과거에는 베네치아나 제노바 상선에 실리는 화물을 24등분한 것을 나타냈다. 12세기에 출판된 《무게와 측정 규정Tractatus de ponderibus et mensuris》에는 다음과 기록되어 있다.

영국에서의 측정에 관한 법령은 스털링sterling이라고 부르는 돌기가 없이 둥근 동전(페니)의 무게를 기본으로 하고 있다. 1페니는 중간 크기의 밀알 32개의 무게에 해당한다. 1온스는 20펜스, 12온스는 1파운드이다.

이탈리아의 역사학자였던 알레산드로 마그노 마르조Alessandro Magno Marzo가 그의 책 《돈의 발명L'invenzione dei soldi》에서 지적했던 것처럼, 무게의 측정과 상업 사이의 밀접한 관계는 리라, 파운드, 페세타, 마르크 같은 대부분의 화폐 명칭이 무게의 단위에서 유래했다는 것에서 확인할 수 있다.

따라서 길의 측정 단위에서와 마찬가지로 질량 측정의 통일적 체계가 18세기에 유럽을 휩쓸었던 계몽주의와 증가하는 국제무역의 필요성에 의해 추진된 것은 놀라운 일이 아니다. 1752년 피렌체에서 태어난 지오바니 파브로니Giovanni Fabbroni는 뛰어난 문명 해설가였다. 화학자, 자연학자, 농경학자, 그리고 경제학자였던 그는 피렌체에 있는 왕립 물리학 및 자연사 박물관과 피에트로 레오폴도

조폐국 책임자였으며, 또한 투스카니 대공이었다. 몇 년 후 미국의 제3대 대통령이 되는 토머스 제퍼슨Thomas Jefferson이 다방면에 흥미를 가지고 있는 파브로니에 대한 기록을 남기기도 했다.

프랑스의 과학자 루이 르페브르-지노Louis Lefèvre-Gineau와 함께 파브로니는 킬로그램의 정의하는 데 결정적인 역할을 했다. 그들의 노력으로 프랑스 대혁명 기간인 1795년에 1킬로그램은 그보다 몇 년 전에 정했던 0℃ 물 1리터 대신에 4℃ 물 1리터의 무게로 새롭게 정의되었다. 4℃의 차이는 매우 중요하다. 르페브르-지노와 파브로니는 밀도가 최대가 되는 4℃의 물을 이용하면 훨씬 안정적으로 킬로그램을 정의할 수 있다는 것을 알아냈다.

대부분의 물질과 다른 물의 이런 특이한 성질은 생태계에서 아주 중요한 역할을 한다. 겨울에 물이 깊은 곳에서부터 어는 것이 아니라 표면부터 얼기 시작하는 것은 이 때문이다. 따라서 얼음 아래쪽에는 액체 상태의 물이 존재할 수 있고, 이는 물속 생물들이 살아가는 데 도움이 된다.

파브로니와 르페브르-지노의 킬로그램 정의에 이어 1799년에 킬로그램원기가 만들어졌다. 4℃ 물 1리터의 무게와 같도록 만들어진 백금으로 이루어진 원통 모양의 킬로그램원기는 파리의 국립문서보관소에 보관되어 있다.

1875년에 조인된 미터 협약에서는 킬로그램의 정의를 확인하고 새로운 킬로그램원기를 제작했다. 국제킬로그램원기IPK는 90%의 백금과 10%의 이리듐으로 만든 원통으로 국제도량형국에 보관되었다. 여러 개의 IPK 복제품들이 만들어졌는데, 이 중 6개는 도량형국에 보관했고 나머지는 미터 협약에 가입한 각 국가에 배분되었다. 미국은 1890년에 4번과 20번 복제품을 배당받았고, 1996년에 79번째 복제품을 추가로 받았다.

그러나 미터의 경우와 마찬가지로 부식이나 오염으로 인해 시간이 흐를수록 인위적인 킬로그램원기에 대한 신뢰성에 문제가 생기기 시작했다. 1899년부터 시작해 2014년까지 실시한 IPK의 6개 복제품에 대한 일련의 측정은 이들과 일부 나라에 배분한 복제품들이 킬로그램원기에 비해 질량이 증가한 것을 확인했다. 이들의 질량은 100년 동안에 평균 50마이크로그램 정도 증가했다.

이 정도의 질량 증가는 별것 아니라고 생각할 수도 있지만, 국제 표준이 요구하는 엄밀한 정밀도를 의심스럽게 만들기에는 충분했다. 더구나 날로 발전하는 과학과 기술에서 필요로 하는 정밀도를 만족시키기에는 너무 큰 값이었다.

## 우리 신혼여행에 누가 올까?

아서 에딩턴Arthur Eddington은 19세기 말과 20세기 초에 활동한 영국의 과학자였다. 천문학자이면서 물리학자였던 그는 별들의 행동을 연구한 선구적인 과학자였다. 그는 최초로 별이 내는 에너지가 핵융합을 통해 공급된다고 가정했다. 아인슈타인을 존경했던 그는 독일어를 사용하는 과학자들이 국제적으로 고립되는 문제를 해결하기 위해 제1차 세계대전이 끝난 직후 일반 상대성 이론을 영어로 번역하여 출판했다. 그러나 거기에서 그치지 않았다. 그는 태양 질량을 이용하여 일반 상대성 이론을 실험적으로 증명하려고 했다. 지구에서 보면 작은 원반으로 보이는—해가 뜨거나 지기 전 낮은 고도에 있을 때는 조금 더 커 보이기는 하지만—태양은 실제로는 아주 큰 질량을 가지고 있다. 지구 질량의 33만 배나 되는 태양 질량을 킬로그램 단위로 나타내면 31 자릿수가 된다.

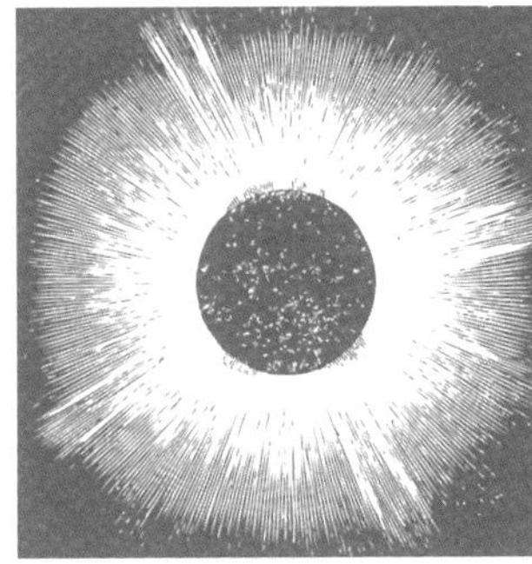

일반 상대성 이론은 수학적으로 복잡하기 때문에 모든 사람들이 쉽게 이해할 수 있는 이론이 아니다. 아인슈타인 자신도 실험을 통한 증명의 필요성을 인식하고 별에서 오는 빛이 태양 질량에 의해 예측하는 정도로 휘어지는지 측정해 볼 것을 제안했다. 그러나 태양의 밝은 빛이 태양 부근을 지나온 별빛의 측정을 불가능하게 만든다. 그렇다고 태양 빛을 차단하는 것도 가능하지 않다. 그러나 개기일식 때는 달이 태양 빛을 차단해 주기 때문에 태양 주변에 있는 별들의 사진을 찍을 수 있다. 일식 때 찍은 태양 주위 별들의 사진을 태양에서 멀리 떨어져 있을 때 찍은 사진과 비교하면 태양 주변을 지나온 별빛이 휘어진 정도를 알아낼 수 있다.

처음 이 실험에 도전했던 사람은 베를린의 열정적인 천문학자 에르빈 프로인틀리히Erwin Freundlich였다. 1913년에 결혼식을 올릴 예정이었던 프로인틀리히는 취리히에서 아인슈타인을 만나 이 실험에 대해 의논하기 위해 신혼여행을 스위스 알프스로 가기로 했다. 이 계획에 대해 그의 부인이 어떻게 반응했는지에 대해서는 알려진 것이 없다. 어쨌든 그들의 만남은 이루어졌고, 일식이 예정되어 있던 1914년 8월 21일 프로인틀리히가 이끄는 탐사팀이 크리미아로 가기로 결정했다. 그러나 프로인틀리히는 운이 없었다. 그가 크리미아에 도착했을 때 유럽에서 제1차 세계대전이 발발했다. 8월 1일에 독일이 러시아에 선전포고했다. 프로인틀리히 일행을 검문한 러시아 군인들은 쌍안경과 망원경으로 무장한 적국에서 온 과학자가 별빛이 휘는 것을 관측하기 위해 왔다고 하는 말을 믿으려고 하지 않았다. 따라서 그들은 체포되었고 관측 장비는 몰수되었다. 다행히 한 달 후 그는 포로 교환을 통해 풀려날 수 있었다.

이제 바통은 1919년 5월 29일 일식 때 이 실험을 제안한 에딩턴에게 넘겨졌다. 시기적으로 볼 때 이 일은 그렇게 간단하지 않았다.

영국과 독일은 아직 전쟁 중에 있었기 때문에 영국에서 독일 과학자의 이론이 옳다는 것을 증명하기 위해 탐사 팀을 꾸리자는 제안은 쉽게 받아들여질 수 없었다. 그러나 에딩턴은 어려움을 극복하고 탐사 팀을 구성했다. 후에 그는 이에 대해 다음과 같이 말했다.

> 적국의 이론을 시험함으로써 영국 국립천문대의 가장 좋은 전통을 살릴 수 있었다. 이 실험이 주는 교훈은 아직도 필요하다.

일식을 관측하기 위해 에딩턴은 탐사 팀을 두 그룹으로 나누었다. 에딩턴과 동료 몇 명은 아프리카 서부 해안에서 조금 떨어진 곳에 있는 프린시페섬으로 갔고, 나머지는 브라질의 소브랄로 갔다. 그날 프린시페에서는 하늘에 구름이 끼어 여러 달 동안의 준비가 물거품이 될 수도 있었다. 그러나 에딩턴은 프로인틀리히와는 달리 운이 좋았다. 일식이 막 시작할 때쯤 구름 사이로 태양이 보이기 시작했고, 그는 태양 주위에 있는 히아데스 성단의 별들의 사진을 찍을 수 있었다. 관측 결과는 일반 상대성 이론의 정당성을 증명하는 것이었다.

1919년 11월 6일에 왕립 천문학회에서 결과를 발표하였다. 이 소식이―그때까지는 몇몇 물리학자들만 알고 있던―전 세계에 알려졌다. 아인슈타인은 세계적인 유명 인사가 되었다. 《런던 타임스》는 "과학 혁명 / 우주에 대한 새로운 이론 / 뉴턴 역학이 무너지다"라고 선언했다. 《뉴욕 타임스》의 헤드라인은 "빛이 하늘에서 휘어져 진행한다: 아인슈타인 이론의 승리"로 좀 더 자극적이었다. 이 미국 일간지의 기사는 런던에 과학 기자가 가 있지 않아 골프 담당 기자가 취재를 했다고 전해진다.

## 셋, 열둘, 아무도 없다?

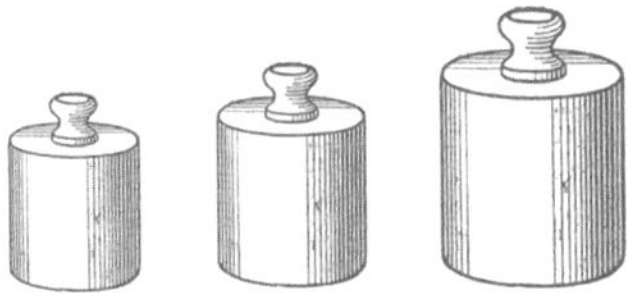

에딩턴은 뛰어난 사람이었고 또 운이 좋았다. 그러나 겸손에 관해서라면 같은 평가를 할 수 없다. 적어도 다음 일화가 사실이라면 그렇다. 왕립협회 회의에서 한 물리학자가 에딩턴에게 그를 상대성 이론을 이해하는 세 사람 중 한 사람이라고 칭찬했다. 에딩턴이 아무 대답을 하지 않자 다른 물리학자가 그에게 너무 겸손해하지 말라고 했다. 그러자 그는 "아닙니다. 나는 지금 세 번째 사람이 누구인지 생각하고 있었습니다!"라고 대답했다.

상대성 이론을 이해하는 사람 수에 대한 심심풀이 논쟁이 시작되었고, 이는 사용자들이 질문과 답을 하는 유명한 웹사이트인 쿼라Quora에 게시하게 되었다. 노벨상 수상자인 리처드 파인만Richard Feynman도 이 논쟁에 참여한 사람 중 한 명이었다. 과학의 대중화에서도 중요한 역할을 했던 그는《물리 법칙의 특징The Character of Physical Law(1965)》에서 다음과 같이 말했다.

> 많은 사람들이 상대성 이론을 다양한 방법으로 이해하고 있다. 상대성 이론을 이해하는 사람은 12명이 넘는 것이 확실하다. 그러나 나는 아무도 양자역학을 이해하지 못하고 있다고 자신 있게 이야기할 수 있다.

파인만이 현대 물리학의 혁명을 가져온 두 이론을 함께 이야기한 것은 우연한 일이 아니었다. 두 이론은 거의 같은 시기에 나타나 우리가 일상생활에서 경험하는 무게와는 비교할 수 없는 극단적으로 가볍거나 극단적으로 무거운 물체를 이용한 검증 과정을 거쳤다. 태양의 엄청난 질량이 상대성 이론을 증명한 반면, 원자와 같이 가벼운 입자들에 대한 실험적 연구가 양자역학으로 향하는 길을 열었다. 수소 원자는 10억의 세제곱분의 1 킬로그램의 질량을 가지고 있다. 만약 천칭의 한쪽에 태양을 얹어놓고 다른 쪽에는 수소 원자를 얹어놓는다면 평형을 이루기 위해서 얹어놓아야 할 수소 원자의 수에는 0을 57개 붙여야 할 것이다. 이로써 아주 작은 질량과 아주 큰 질량이 객관적으로 충분히 이해하기 어려운 자연에 대한 새로운 해석의 문을 열어놓았다. 파인만의 주장은 과장처럼 들리지만, 좀 더 깊이 생각해 보면 그것은 오늘날에도 여전히 사실이다.

무엇보다도 양자역학은 한 사람이 만든 이론이 아니다. (만약 한 사람이 만들었다면 적어도 그는 이 이론을 충분히 이해하고 있을 것이다.) 데이비드 그리피스David Griffiths는 그가 쓴 유명한 《양자역학 개론Introduction to Quantum Mechanics(1995)》에서 "뉴턴 역학이나 맥스웰의 전자기학, 그리고 아인슈타인의 상대성 이론과는 달리 양자역학은 한 사람이 만든 것이 아니다. (한 사람이 결정적으로 종합하지도 않았다.) 그리고 오늘날까지도 명랑하지만 예민한 젊은이들에게 상처를 주고 있다."라고 말했다. 양자역학이 잘 작동하기는 하지만 작동하는 방법과 깊은 의미는 아직도 연구 대상이 되고 있다. 그리피스는 다음과 같이 덧붙였다.

> 기본 원리가 무엇인지, 어떻게 가르쳐야 할지, 그리고 그것이 정말 무엇을 의미하는지에 대한 전반적인 의견 일치가 이루어지지 않았다. 모든 물리학자들이 양자역학을 이야기할 수 있지만, 그것은 셰에라자드Scheherazade의 이야기만큼 다양하고 대부분 동의하기 어려운 것들이다.

다시 말해 양자역학은 물리 체계를 잘 기술하고 있으며 많은 것들을 이야기하지만, 우리는 아직 그것이 무엇을 의미하는지 모르고 있다. 서로 질문하고 도전하는 많은 양자역학의 해석에 관한 이론들이 있다. 때로는 이런 이론들의 일부가 철학으로 넘쳐흐르기도 한다. 이로 인해 많은 청중의 관심을 끌고 있지만, 과학의 든든한 기반을 버림으로써 훨씬 더 불확실한 영역으로 들어가는 모험을 해야 하며, 양자역학이 충분히 믿을 수 있는 이론이 아니라는 인상을 주는 위험을 감수해야 한다. 그럼에도 불구하고 양자역학은 예측 가능성과 재현성의 측면에서, 그리고 물리 체계에 대한 기술에서 아주 든든한 기반을 가지고 있다. 이 기반에는 막스 플랑크가 제안한 양자역학의 바탕이 된 이론도 포함된다.

## 흑체가 내는 빛

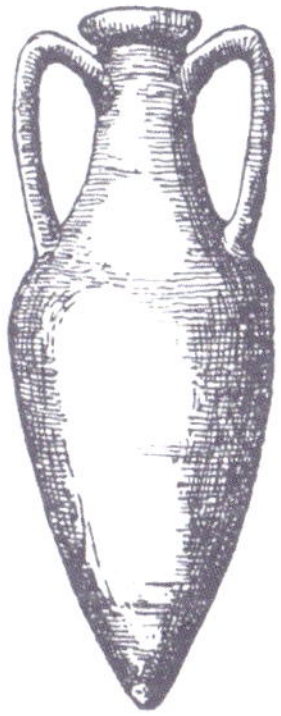

우리의 일상생활과는 멀리 떨어진 곳에 있는 것처럼 보이는 소립자와 같은 체계를 기술하는 복잡한 이론을 이끌어 낸 양자역학 혁명이 우리가 언제나 경험할 수 있는 열복사 현상을 분석하면서 시작되었다는 것은 역설적이다. 우리는 높은 온도의 금속이 빛을 내는 것을 쉽게 볼 수 있다. 금속이 내는 빛은 온도가 높아짐에 따라 붉은색에서 흰색으로 바뀐다. 난로의 불판이나 2009년부터 유럽에서 사용이 금지되었고 미국에서는 2023년부터 사용이 금지된 백열전구를 생각해 보자. 우리가 눈으로 감지할 수 있는 특정한 파장의 전자기파가 빛이다. 열에 의해 방출된 전자기파를 열복사라고 한다. 체온이 약 37℃인 우리는 특수한 검출 장치를 이용해야 관측할 수 있는 적외선을 낸다. 코비드-19로 인해 모든 사람이 익숙하게 된 열 스캔 장치는 적외선을 측정해 체온을 알아낸다.

온도가 높아지면 열복사선이 빠르게 증가한다. 체온이 높아질수록 더 많은 에너지를 방출한다. 이 현상을 설명하는 스테판의 법칙에 의하면, 온도가 $T$인 물체가 1초 동안에 단위 면적에서 방출하는 복사선의 에너지는 $T^4$에 비례한다. 다시 말해 물체의 온도가 2배가 되면 방출하는 열복사선의 에너지는 16배가 된다. 열복사선의 특성은 빛을 내는 물체의 조성에 따라 달라진다. 그러나 보편적인 특성을 가지는 열복사선을 내는 물체가 있다. 이런 물체를 '흑체black body'라고 한다.

흑체라는 이름이 이 물체의 성질을 잘 설명해 주고 있다. 흑체는 입사하는 모든 빛을 흡수하기 때문에 검게 보인다. 물체가 색깔을 띠는 것은 물체가 특정 파장의 빛을 반사하기 때문이다. 우리가 입고 있는 붉은 스웨터는 실제로 붉은색이 아니다. 우리가 보는 붉은색은 스웨터가 반사한 빛이다. 19세기 말에 등장한 전자기학으로 인해 흑체복사를 정밀하게 측정할 수 있게 되자 흑체복사를 설명하는 이론들이 나타나기 시작했다. 1900년에서 1905년 사이에 레일리 경Lord Rayleigh과 제임스 진스James Jeans는 고전 물리학 이론을 이용해 실험 결과를 분석하고자 했다. 엄밀한 분석에도 불구하고 그들은 실험 결과를 설명하는 데 실패했는데, 그 이유는 간단했다. 고전 물리학의 한계 안에서 보면 그들의 분석은 정확했다. 그들의 문제는 그들이 분석하려고 하는 새로운 영역에서는 고전 물리학이 더 이상 성립되지 않는다는 것이었다. 이런 문제점을 알아차린 막스 플랑크는 1900년에 양자역학의 씨를 뿌렸다. 플랑크는 레일리와 진스의 이론에 혁명적인 가정을 추가했다. 그 가정은 전자기파의 에너지가 연속적인 값을 가지는 것이 아니라, 기본 양자의 정수배에 해당하는 에너지만 가질 수 있다는 것이었다.

$$E = hf$$

이 식에서 $E$는 에너지, $f$는 전자기파의 진동수를 나타내며, $h$는 상수이다. 플랑크의 업적을 기념하기 위해 후에 이 상수를 '플랑크 상수'라고 부르기로 했다. 플랑크 상수는 최근에 이루어진 킬로그램을 정의하는 바탕이 된 상수이다. 고전 물리학에서는 빛을 진폭이 연속적으로 변하는 전자기파라고 이해했고, 따라서 전자기파는 연속적인 에너지를 가질 수 있었다. 그러나 이제 빛은 입자와 비슷한 불연속적인 에너지만을 방출하거나 흡수할 수 있게 되었다. 이것은 슈퍼마켓에서 우유를 사는 것과 비슷하다. 우리는 우유를 한 병, 두 병, 세 병 등과 같이 병 단위로만 살 수 있다. 27.0895킬로그램의 우유를 사는 사람은 아무도 없다.

플랑크는 흑체복사 문제를 해결하기 위해 에너지 양자화의 개념을 도입했고, 에너지를 비롯한 물리량의 양자화는 원자보다 작은 세계에서 일어나는 현상을 설명하기 위해 필수적인 것임을 알게 되었다. 이로 인해 아주 작은 세계에서는 자연이 연속적이 아니라는 것이 밝혀졌고, 과학은 이제 불연속적인 세상을 다루지 않을 수 없게 되었다. 자연 현상은 연속적으로 변해간다는 원리가 지배하던 과학계에서 이것은 커다란 패러다임의 변화였다.

이렇게 해서 양자화된 물리량을 다루는 양자역학이 등장했다.

## 노벨 수상자들도 실수한다

스톡홀름에 있는 스웨덴 왕립 아카데미는 노벨상 수상자를 찾을 수 없는 경우 노벨상의 시상을 연기하도록 규정해 놓았다. 노벨상 선정위원회에서 물리학상 수상자를 찾아내지 못했던 1921년에 그런 일이 실제로 일어났다. 저명한 '탈락자들'의 명단은 즉시 공개되고, 50년 후에는 모든 후보자의 명단이 공개된다. 민감한 성격의 소유자라면 노벨상 수상 후보자가 된다는 것만으로 많은 스트레스를 받을 수 있다.

어떤 해에 노벨상 수상자가 없으면 다음 해에 2개의 노벨상을 수여할 수 있다는 규정에 따라, 다음 해인 1922년에 스웨덴 아카데

미는 2개의 노벨 물리학상을 수여했다. 1921년 노벨 물리학상은 알베르트 아인슈타인에게, 1922년 노벨 물리학상은 양자역학 개발자 중 한 사람으로 현대 원자 이론의 아버지라고 불리는 닐스 보어에게 수여되었다.

1922년 12월 10일에 개최된 시상식에서 1903년 노벨 화학상 수상자이며 당시 물리학상 수상자 선정위원회 위원장이었던 스반테 아레니우스Svante Arrhenius가 두 사람의 수상자를 스웨덴 국왕에게 소개했다. 아레니우스는 우리에게 노벨상 수상자들도 실수할 수 있다는 것을 일깨워 준 인물이다. 19세기 말에 그는 이산화탄소가 기후에 주는 영향을 최초로 연구한 사람 중 한 명이었다. 1896년에 발표한 유명한 논문에서 그는 대기 중 이산화탄소의 함량과 지구의 온도가 직접 관련이 있다고 주장했다. 그는 자세한 계산을 통해 대기 중 이산화탄소의 함량이 반으로 줄어들면 유럽의 평균 기온이 5℃ 낮아져 새로운 빙하시대로 돌아갈 것이라고 주장했다. 그러나 산업혁명으로 인해 연료로 사용하는 탄소의 소비가 빠르게 증가하면서 이산화탄소 함량 역시 빠르게 증가했다. 1908년에 출판된 그의 책 《만들어지고 있는 세상Worlds in the Making》에서 아레니우스는 화석 연료 사용의 긍정적인 점들을 강조했다.

우리는 종종 현재 세대가 미래 세대를 고려하지 않고 지구에 매장되어 있는 석탄을 지나치게 낭비하고 있다고 한탄하는 소리를 듣는다. 그리고 오늘날 지구 도처에서 일어나고 있는 화산 분출로 인해 엄청난 생명과 재산이 파괴되는 것에 대해 공포를 느끼고 있다. 그러나 다른 모든 경우에서와 마찬가지로 이 경우에도 나쁜 점이 있으면 좋은 점도 있으며, 우리는 이것으로부터 큰 위안을 받을 수 있다. 대기 중에 포함된 탄산의 함량이 증가함에 따라 우리는 좀 더 안정적이고 더 나은 기후를 가질 수 있다. 특히 지구의 추운 지방에서는 인구가 빠르게 증가하여 현재보다 훨씬 더 많은 곡식을 생산할 수 있다.

그러나 그는 예상하지 못했던 다른 많은 부정적 결과들이 있다는 것을 알지 못했다. 1922년 12월 10일로 다시 돌아가 보자. 아레니우스는 다음과 같은 말로 아인슈타인에 대한 소개를 시작했다.

오늘날 아인슈타인만큼 널리 알려진 물리학자는 아마 없을 것이다. 그에 관한 이야기에서는 상대성 이론이 중심이 되고 있다.

그러나 그는 말을 바꾸어 다른 이야기를 하기 시작했다. 이상하게 들리겠지만 아인슈타인은 상대성 이론으로 1921년 노벨상을 받은 것이 아니라, 일반인들에게는 훨씬 덜 알려진, 그러나 양자역학의 초석이 된 광전 효과에 대한 이론적 설명으로 상을 받았다.

열복사선의 경우와 마찬가지로 이 경우에도 우리의 일상 경험이 큰 도움을 주었다. 양자역학은 때때로 엘리베이터와 같이 예상할 수 없는 곳에서 그 모습을 드러낸다. 광전 효과는 엘리베이터 안에 사람들이 있을 때는 운행 중에 문이 열리지 않도록 하는 광 센서에 사용되고 있다. 이 효과는 금속 표면에 자외선이 충돌하여 전자를 방출할 때 발생한다. 자외선에 의해 물질에서 분리된 전자는 전기 신호를 발생시켜 문을 닫히게 한다. 전자가 방출되기 위해서는 빛은 자외선이어야 하며, 가시광선이나 적외선으로는 광전 효과가 발생하지 않는다. 이것은 고전적인 빛의 파동 이론으로는 설명할 수 없었다.

이 문제를 해결하기 위해 1905년에 아인슈타인은 플랑크가 그랬던 것처럼 전통적인 고전 물리학을 제쳐놓고 전자기장의 에너지가 양자화되어 있다고 가정했다. 그는 '광양자'의 개념을 도입했다. 1905년에 《물리학 연대기Annalen der Physik》에 발표된 논문에서 그는 다음과 같이 설명했다.

> 빛의 에너지는 연속적인 값을 갖지 않고 한 점에 집중되어 있는 유한한 수의 에너지 양자로 구성되어 있다. 에너지 양자는 나누어지지 않은 채로 이동하고 흡수되거나 방출된다.

빛의 에너지 양자인 광자가 이론과 실험 사이의 모순을 해결했다. 아인슈타인은 광자가 플랑크가 흑체복사의 문제를 해결하기 위해 도입했던 것과 같은 $hf$의 에너지를 가질 수 있다고 했다. 이런 직관을 통해 아인슈타인은 광전 효과를 완전하게 설명할 수 있었다. 이제 골조가 완성되었다. 플랑크가 제안했던 것처럼 전자기파 복사선이 에너지 덩어리로 방출될 뿐만 아니라, 이 에너지 덩어리가 입자처럼 행동한다는 것이 밝혀진 것이다. 이 빛의 에너지 덩어리가 광자이다. 아레니우스는 다음과 같은 말로 아인슈타인에 대한 소개를 마쳤다.

> 아인슈타인의 연구 덕분에 양자 이론이 높은 수준으로 완성되었고, 이 분야에서 많은 연구가 이루어져 이 이론의 놀라운 가치를 증명했다.

## 정체성의 위기

물리학 역사에서 19세기 말에서 20세기 초만큼 많은 발견이 이루어지는 일은 아마도 다시는 없을 것이다. 실험 결

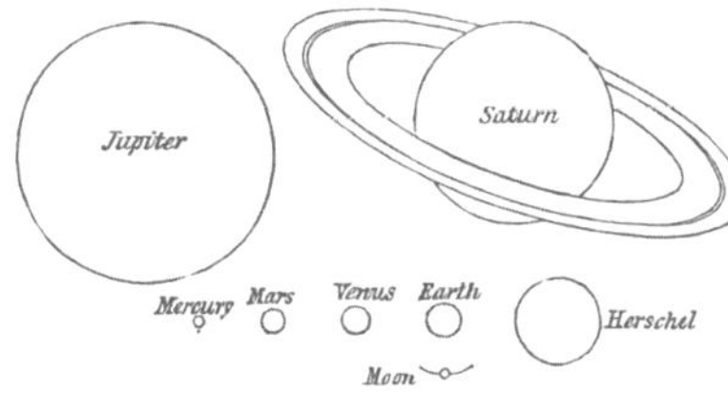


과들은 여러 세기 동안 축적된 지식에 의심의 눈초리를 보내게 했고, 새로운 이론들은 우주에 대한 설명에 혁명을 가져왔다. 과학계는 연이은 발견으로 흥분 속에 있었다. 새로운 아이디어들이 넘쳐나던 이런 분위기는 역사학으로 학위를 받은 후 진로를 바꿔 물리

학 연구에 전념하기로 한 젊은 프랑스 귀족 청년 루이 드브로이Louis de Broglie에게도 큰 영향을 주었다. 그는 제1차 세계대전 중에 군대에 복무하면서 잠수함의 무선 통신 체계를 연구한 것을 계기로 물리학을 접하기 시작했다. 그가 일찍 포기했던 역사책에 그의 이름을 남긴 것은 1924년 파리대학에 제출한 그의 박사학위 논문이었다.

드브로이는 빛의 입자성을 증명한 아인슈타인과 아서 콤프턴Arthur Compton의 최근 발견에 매료되었다. 광전 효과를 설명한 아인슈타인의 논문과 그것을 실험적으로 증명한 콤프턴의 실험은 빛이 파동이면서 동시에 입자라는 것을 확실하게 보여주었다. 드브로이는 입자와 파동의 이중성이 물질에도 적용될 것이라고 가정했다. 그 당시에는 물질을 파동의 성질과 연관시키는 것은 공상과학 소설에서나 나올 법한 이야기로 여겼다. 물질파 이론이 포함된 그의 논문은 흥미롭기는 해도 현실적으로 큰 의미를 가지는 논문이 아니라는 평가를 받았다. 그러나 2년이 조금 더 지난 1926년에 연이어 이루어진 두 실험이 드브로이의 물질파 이론이 옳다는 것을 증명했고, 이로 인해 드브로이는 1929년에 노벨 물리학상을 수상했다.

양자역학 측면에서 볼 때 드브로이가 한 일은 자연의 대칭성을 이론적으로 구현한 것이었다. 한마디로 말해 우주는 물질과 복사선으로 이루어져 있고, 물질과 복사선은 모두 파동과 입자처럼 행동한다는 것이다. 드브로이의 물질파 이론으로 물리학은 이제 양자역학을 탄생시킬 모든 준비를 끝냈다. 1925년에 오스트리아 물리학자 에르빈 슈뢰딩거Erwin Schrödinger가 그의 이름을 따라 '슈뢰딩거 방정식'이라고 불리는 방정식을 제안했고, 이는 양자역학의 혁명으로 이어졌다. 이로 인해 원자와 같이 아주 작은 세계에서는 물리학의 확실성이 확률의 불확정성으로 대체되었다.

## 사과와 화성

250년 전에 링컨셔에 있는 정원의 나무에서 사과 하나가 떨어졌다. 실제로 이 사과가 나무 아래에서 생각에 잠겨 있던 영국의 과학자 아이작 뉴턴Isaac Newton을 맞혔는지는 알 수 없다. 그러나 확실한 것은 이즈음에 뉴턴이 갈릴레이의 이전 연구를 바탕으로 고전 역학의 기초를 만들고 있었다는 사실이다.

고전 역학은 평형과 물체의 운동을 다루는 물리학의 한 분야로, 19세기 말까지는 천문학에서 산업혁명을 가능하게 만든 기계에 이르기까지 자연의 모든 현상을 성공적으로 기술했다. 뉴턴 역학은 물체에 작용하는 힘을 알면 물체의 운동을 결정할 수 있도록 했다. 뉴턴 역학의 기본적인 식은 다음과 같다.

$$F = ma$$

이 법칙에 의하면 우리가 물체와 환경 사이의 상호작용을 나타내는 힘 $F$를 알면 물체가 어떻게 운동하는지를 나타내는 가속도 $a$를 알 수 있다. 간단하게 말해 이 법칙은 물체의 운동이 세상과의 관계에 의해 결정된다고 설명하고 있다. 즉 같은 힘이라도 물체의 질량에 따라 다른 운동을 하게 된다는 것이다. 이것은 우리가 경험을 통해 잘 알고 있는 내용이다. 우리는 같은 크기의 축구공과 돌멩이를 던질 때 결과가 다르게 나타난다는 것을 잘 알고 있다. 질량은 작용하는 힘에 대한 물체의 관성을 나타낸다. 질량이 크면 클수록 힘이 주는 효과가 작아진다.

모든 고전 물리학에 잘 적용되는 뉴턴의 법칙은 결정론적이다. 물체에 작용하는 힘과 그 순간의 물체의 운동 상태를 알면 우리는 물체의 궤적을 정확하게 예측할 수 있다. 이러한 뉴턴 법칙의 예측 능력은 행성 운동이나 우주 여행에서 잘 나타나고 있다. 1969년 7월에 NASA 과학자들은 38만 4,000킬로미터를 여행한 후에 2명의 우주 비행사를 달 위의 정확한 지점에 착륙시키는 데 성공했다. 2021년 2월에는 이 과학자들의 후임자들이 7개월 동안 4억 8,000만 킬로미터를 여행한 후에 퍼시비어런스 로버Perseverance rover를 화성 표면의 정확한 지점에 착륙시켰다. 이 모든 것은 우주선의 궤도를 정밀하게 계산할 수 있도록 한 뉴턴 역학 덕분이었다.

고전 역학은 잘 작동하고 있고, 고전 역학을 이용해 우리는 미래를 예측할 수 있다. 그러나 항상 그런 것은 아니다.

## 수정구와 연기 신호

"당신은 갈 것이다. 당신을 돌아올 것이다. 절대로 전쟁에서 죽지 않을 것이다You will go, you will return, never in war will you perish."와 "당신은 갈 것이다. 당신은 절대로 돌아오지 않을 것이다. 당신은 전쟁에서 죽을 것이다You will go, you will return never, in war you will perish."라는 두 문장은 쉼표의 위치가 다를 뿐이지만, 그러나 그 뜻에는 엄청난 차이가 있다. 쿠마에 무녀Cumaean Sibyl(역자주: 아폴론 신전에 살고 있던 나이를 먹지 않는 사제로 무녀 또는 예언자로 불림)는 예언자로 널리 알려져 있다. 미래를 예측하는 것은 과학이 시작되기 훨씬 전부터 인간의 열망이었다. 예언자, 마법사, 점쟁이들에게는 항상 그들을 따르는 사람들이 있었다.

충분한 통찰력과 필요한 장비를—그것이 동물의 내장이든, 모닥불의 연기 구름이든, 아니면 수정구이든—이용하여 아직 일어나지 않은 일을 미리 알 수 있기를 바라는 것은 인간의 본성에 근원을 두고 있다. 1687년에 출판된 뉴턴의 《프린키피아Principia》에 의해 이런 희망이 많은 부분 이루어졌다.

뉴턴으로 인해 미래의 예측이 과학이 되었고, 내기를 하는 사람들이나 예언자들의 전유물이 아니게 되었다. 그의 운동 방정식을 이용하면 물체의 위치를 정확하게 예측하는 것이 가능했다. 뉴턴 역학에 역시 결정론적인 19세기에 완성된 전자기학이 더해졌다. 모든 체계가 기본적인 구성 요소들로 이루어졌다고 믿고 있었던 20세기 초에 활동했던 과학자들은 충분한 계산 능력만 있으면 미래 예측의 꿈이 완전히 실현될 수 있을 것이라고 생각했다. 그러나 그들은 경솔했다. 고전 역학을 통해 결정론적인 예측의 꿈을 고무했던 물리학이 20세기 첫 10년 동안에 고전 이론의 기초를 흔들기 시작한 것이다.

## 고양이뿐만이 아니었다

에르빈 슈뢰딩거Erwin Schrödinger는 노벨 물리학상 수상자이지만 일반인들에게는 고양이 사고 실험으로 더 잘 알려져 있다. 이 가상적인 고양이의 운명은 확률의 지배를 받는 방사성 동위원소의 붕괴 여부에 의해 결정된다. 양자역학적인 분석에 의하면 양자 중첩에 의해 고양이는 죽은 상태와 살아 있는 상태가 중첩된 상태에 있을 수 있다. 다시 말해 살아 있는 동시에 죽어 있을 수 있다. 자신이 제안한 고양이 사고실험으로 인해 전 세계에 있는 고양이들로부터 나쁜 평가를 받고 있는 것과는 달리 슈뢰딩거는—고양이가 아니라 개를 길렀던—자신의 이름이 붙은 방정식을 통해 양자역학의 발전에 크게 공헌했다. 슈뢰딩거 방정식은 다음과 같다.

$$-\frac{\hbar^2}{2m}\nabla^2\Psi + V\Psi = i\hbar\frac{\partial\Psi}{\partial t}$$

복잡해 보이는 방정식에 너무 놀라지 않기를 바란다. 이 방정식을 충분히 이해하는 것은 이 분야의 전문가들에게 맡기면 된다. 그러나 이 방정식은 여러 가지 면에서 우리가 이미 살펴보았던 뉴턴의 운동 방정식과 비슷하다. 이 경우에도 출발점은 입자와 외부 세계 사이의 상호작용이다.—이 식에서는 $V$로 나타낸 위치 에너지가 외부와의 상호작용을 나타낸다—이 방정식은 미래 예측에 필요한 해를 계산하는 기초를 제공한다. 그러나 이 경우에는 예측의 결과가 입자의 정확한 위치가 아니라 특정 지점에서 입자를 발견할 확률이다. 슈뢰딩거 방정식을 풀어서 얻어지는 함수 $\Psi$는 드브로이가 가정했던 물질파 파동을 나타낸다. 그러나 파동 함수 $\Psi$는 입자가 어디에 있는지를 말해주지 않고, 특정 위치에서 입자가 발견될 확률을 말해준다. 고전 역학의 뉴턴의 운동 법칙이 가지고 있던 결정론은 양자역학의 불확정성에 의해 추방되었다.

이것이 고전 역학이 틀렸음을 의미하지는 않는다. 그 대신 고전 역학이 특정한 영역에서만 작동함을 의미한다. 양자 효과는 미시 세계에서만 볼 수 있다. 거시적인 크기에서는—거시 세계는 모래알에서부터 행성까지의 모든 것을 의미한다—우리가 이미 살펴본 것처럼 고전 역학이 잘 작동한다. 특수 상대성 이론이 물리 법칙이 적용되는 영역을 아주 빠른 속도에까지 확장했던 것처럼, 양자역학은 물리 법칙이 적용되는 영역을 원자나 원자보다 작은 세계까지 확장했다. 우주적인 물리 상수인 빛의 속력이 상대성 이론의 특징인 것처럼, 또 다른 우주적인 물리 상수인 플랑크 상수는 양자역학의 특징이다. 플랑크 상수 $h$는 슈뢰딩거 방정식에도 포함되어 있다.

뉴턴의 운동 방정식($F=ma$)과 슈뢰딩거 방정식은 세상을 기술하는 기본적인 도구이다. 두 방정식 사이에는 여러 세기의 차이가 있고 상보적으로 세상을 기술하고 있지만, 두 방정식은 모두 $m$이라는 기호로 나타낸 질량을 포함하고 있다. 중성자의 질량이든, 아니면 아폴로 11호 우주선의 질량이든, 질량은 물체의 기본적인 성질이다.

고전 물리학과 양자물리학 모두에서 질량은 물체와 힘 또는 세상과의 상호작용을 조정하는 역할을 한다. 경우에 따라서는 다른 물리량이 상호작용을 조정하기도 한다. 예를 들면 전하나 속력이 전자기장의 상호작용에 관여한다. 그런 경우에도 질량은 중요한 역할을 한다. 물체의 질량은 중력적 상호작용에서도 중심 역할을 한다. 질량을 가지고 있는 두 물체 사이에 서로 끌어당기는 중력이 작용하고 있음을 발견한 사람도 뉴턴이다. 중력은 물체의 질량에 비례하고 물체 사이의 거리가 멀어질수록 약해진다. 두 물체의 질량이 각각 $m_1$과 $m_2$이고 두 물체 사이의 거리가 $r$인 경우 두 물체 사이에 작용하는 중력의 세기는 다음과 같다.

$$F_g = G\frac{m_1 m_2}{r^2}$$

이 식에서 $G$는 중력 상수이다. 중력은 네 가지 기본적인 힘들 중 하나로, 행성들의 운동을 관장하고 지구 위에서 무게를 느낄 수 있도록 한다. 지구의 질량은 지구 가까이 있는 모든 물체를 끌어당겨 무게를 갖도록 한다. 따라서 무게는 지구와 물체 사이에 작용하는 중력이다. 지구 표면 부근에 있는 질량이 $m$인 물체가 받는 힘 $\boldsymbol{P}$는 다음과 같다.

$$\boldsymbol{P} = m\boldsymbol{g}$$

이 식에서 $g$는 중력 가속도로 지구의 질량과 반지름, 그리고 중력 상수 $G$에 의해 결정된다.

이 식은 뉴턴의 운동 법칙을 나타내는 식 $F=ma$와 같은 형태이다. 이 식에서도 질량은 세상, 즉 우리 행성인 지구와의 상호작용을 중재한다. 지구 부근에서는 중력 가속도가 거의 상수이기 때문에 우리의 일상생활에서는 무게가 질량과 동의어로 사용되고 있다. 쇼핑 리스트에 포함되어 있는 질량("3킬로그램의 사과와 200그램의 치즈 사는 것을 잊지 말 것!")과 맛있는 식사를 한 후 저울에 나타난 몸무게, 그리고 도로 표지판에 표시되어 있는 질량은 모두 우리 생활의 중요한 요소이다. 여행을 떠날 때 쓸모없는 물건들로 가득 찬 여행 가방이 중량 한도가 넘는다는 것을 확인했다면 물리의 기본 법칙을 생활에 이용하고 있는 것이다. 그런 사실을 안다면 한도가 넘는 가방의 무게로 상처받은 마음에 약간의 위로가 될 수 있을 것이다.

## 10월 21일

1944년 10월 21일 막스 플랑크Max Planck는 그의 아들 에르빈의 재판 결과를 근심스럽게, 아니 어쩌면 체념한 채로 기다리고 있었다. 이틀 후에 사형 판결을 받을 가능성이 컸다. 1520년 10월 21일에 페르디난드 마젤란Ferdinand Magellan은 그의 이름이 붙은 해협을 발견했다. 1979년 같은 날에는 토머스 에디슨Thomas Edison이 백열전구의 특허 신청서를 작성했고, 1833년에는 알프레드 노벨Alfred Nobel이 태어났으며, 1917년에는 디지 길레스피 Dizzy Gillespie(역자주: 미국의 트럼펫 연주자)가, 그리고 1995년에는 도자캣Doja Cat(역자주: 미국의 가수 겸 레퍼 작곡가이며 음악 프로듀서)이 태어났다. 몇 분 동안 인터넷을 검색하면 10월 21일에 일어난 일들과 이날 태어난 유명한 사람들을 찾아낼 수 있다.

1년은 365일이므로 이야깃거리가 될 만한 사건들은 훨씬 많을 것이다. 통계학자가 아니더라도 10월 21일이 특별한 날이 아니라는 것을 쉽게 알 수 있다. 그러나 측정 체계에 관한 한 10월 21일은 특별한 날이다. 7개 기본 단위 중 2개 단위가 10월 21일에 새롭게 정의되었다. 이것은 특별한 일이라고 하지 않을 수 없다.

앞에서 살펴보았던 것처럼 1983년 10월 21일에 개최된 제17차 국제도량형총회에서 미터가 빛의 속력을 바탕으로 정의되었다. 그리고 21년 후인 2011년 10월 21일에 열린 24차 총회에서는 측정의 기준으로 사용되어 온 가장 오래된 인공 구조물인 킬로그램원기가 폐기되었다. 사람이 만든 물체는 영원할 수 없다. 영원불변할 수 없는 금속으로 만든 킬로그램원기가 누구든지 접근 가능한 물리 상수로 대체되었다. 역설적이지만 이 상수는 고전 역학의 확실성을 훼손하고 물리학에 불확정성을 도입하도록 한 플랑크 상수였다.

## 양자와 저울

킬로그램의 새로운 정의는 현대 물리학의 두 가지 기본적인 이론인 상대성 이론과 양자역학을 바탕으로 하고 있다. 다른 물리 이론에서와 마찬가지로 이 두 이론에서도 에너지가 중심을 이루고 있다. 상대성 이론에서는 에너지를 과학에서 가장 유명한 다음과 같은 식으로 나타낸다.

$$E = mc^2$$

이 식에는 에너지 $E$, 질량 $m$, 그리고 빛의 속력을 나타내는 $c$가 포함되어 있다. 양자역학에서는 에너지를 플랑크의 에너지 양자를 이용하여 나타낸다. 이에 대해서는 앞에서 이미 이야기했다.

$$E = hf$$

두 식에 나타나 있는 에너지는 같은 물리량이다. 상대성 이론과 양자역학 덕분에 에너지를 빛의 속력 $c$나 플랑크 상수 $h$로 나타낼 수 있게 되었다. 에너지가 상대성 이론과 양자역학을 연결하는 가교 역할을 하게 된 것이다. 이로 인해 우리는 질량을 자연 상수인 $c$와 $h$의 함수로 나타낼 수 있게 되었다. 인위적으로 정했던 기준과는 달리 질량과 두 물리 상수의 관계는 새로운 킬로그램의 정의로 훨씬 더 적합해졌다. 금속으로 만든 킬로그램원기를 좀 더 영구적인 것으로 대체할 필요성을 느낀 물리학자들은 질량과 *h*, 그리고 *c* 사이의 관계를 이용하는 다양한 실험 방법을 찾아냈다.

측정 단위를 만들 때는 필수적으로 실용성을 생각해야 한다. *c*와 *h*의 정확한 값이 알려져 있다면 이를 바탕으로 정확하게 질량을 측정할 수 있어 킬로그램을 정의할 수 있는 실험을 구상해야 한다. 이런 실험 장치가 키블 저울이다. 키블 저울은 기원전 2000년에 사용했던 2개의 접시로 이루어진 천칭과 기본적으로 같은 원리로 작동하며, 기술적으로 조금 더 복잡할 뿐이다. 한쪽 접시에 놓인 물체의 질량을 다른 쪽 접시에 놓인 물체의 질량과 비교하는 보통의 천칭과는 달리, 키블 저울은 전자기적 힘을 이용하여 질량을 측정한다. 조셉슨 효과와 홀 양자 효과라는 두 가지 양자역학적 효과를 이용하여 아주 정밀하게 측정하는 것이 가능한 전자기적 힘은 양자역학 방정식에 항상 들어 있는 플랑크 상수의 함수로 나타낸다. 힘의 크기를 고정하여 정확한 값을 정하면–최근에 발전된 실험 덕분에 가능해진–키블 저울이 킬로그램의 정의를 이용해 물체와 독립적으로 정확하게 질량을 측정할 수 있다. *h*는 아주 작은 값이다. 국제단위계를 이용하여 나타낸 *h* 값은 $6.626070150 \times 10^{-34}$, 즉 0.000000000000000000000000000000006626070150과 같이 나타낼 수 있다. 은행 계좌번호의 길이도 이 값과 비교하면 너무 짧다.

이것이 새로운 킬로그램원기의 정의로 선택된 값이다. 따라서 새로운 킬로그램원기는 플랑크 상수에 바탕을 두고 있다.

## 작은 종이 쪼가리

1945년 5월 2일 히틀러가 벙커에서 자살을 하던 시간에 붉은 군대는 베를린의 라이히슈타크Reichstag(국회의사당)에 소련 깃발을 게양하고 있었다. 5월 8일에는 나치 독일이 항복했다. 그러나 맨해튼 프로젝트는 멈추지 않고 계속되었다. 1945년 7월 16일 아침 5시 49분에 뉴멕시코주 소코로에서 가까운 곳에 있는 조나다 델 무에르토Jornada del Muerto 사막에서 인공적인 빛이 하늘을 물들였다. 첫 번째 원자폭탄 폭발 시험인 트리니티 시험이었다. 이 시험은 며칠 후 일본의 히로시마를 잿더미로 변하게 할 무기의 폭발력을 확인하기 위한 것이었다.

트리니티 시험에 참여했던 사람들 중에는 엔리코 페르미Enrico Fermi도 있었다. 이 시험 이후 이루어진 그의 증언은 정부 문서 RG 227, OSRD-S1 위원회, 박스 82, 폴더 6 '트리니티'에 보관되어 있다.

7월 16일 아침에 나는 폭발 지점으로부터 약 10마일(16킬로미터) 떨어져 있는 트리니티 베이스캠프에 있었다. 폭발은 5시 30분에 있었다. 나는 검은 유리가 내장되어 있는 커다란 판으로 얼굴을 보호했다. 폭발에 대한 나의 첫 인상은 매우 강한 빛이었다는 것이다. 그런 다음에는 노출되어 있던 몸에 열감이 느껴졌다. 폭발 지점을 직접 바라보지는 않았지만 갑자기 주변이 대낮보다 밝아졌다는 느낌을 받았다. 그 뒤 검은 안경을 쓰고 폭발 지점 방향을 바라보았을 때 높이 솟아오르는 불덩이를 볼 수 있었다. 몇 초 후에 솟아오른 불꽃이 빛을 잃더니 거대한 버섯의 머리처럼 보이는 연기 기둥이 나타났다. 이 연기 기둥은 구름 위까지 치솟았는데, 높이가 3만 피트는 되었을 것이다. 충분한 높이에 도달한 구름은 잠시 그대로 머물러 있다가 바람에 흩어졌다. 폭발이 있고 40초쯤 지났을 때 거센 충격파가 몰려왔다. 나는 충격파가 오기 전과 충격파가 오는 동안, 그리고 충격파가 지나간 후에 6피트 높이에서 작은 종이 쪼가리를 떨어뜨려 바람이 세기를 알아보았다. 그때 그곳에는 바람이 불지 않았기 때문에 충격파가 지나가는 동안에 충격파로 인해 종이 쪼가리가 밀려나간 거리를 측정할 수 있었다. 종이 쪼가리는 2.5미터 정도 밀려났고, 이를 바탕으로 충격파의 세기가 TNT 1만 톤이 폭발했을 때의 충격파의 세기와 같다는 것을 알 수 있었다.

1만 톤의 질량은 1,000만 킬로그램에 해당한다. 종이 쪼가리를 떨어뜨려 알아낸 페르미의 추정은 실제와 크게 벗어난 것이었다. 이 원자폭탄은 실제로 TNT 2만 2,000톤과 맞먹는 폭발력을 가지고 있었다. 제2차 세계대전 중에 투하된 가장 강력한 폭탄인 그랜드 슬램의 폭발력이 TNT 10톤의 폭발력과 같았다는 것과 비교하면 이것은 엄청난 폭발력이다. 아인슈타인 덕분에 질량이 에너지로 전환될 수 있다는 것을 인류가 알 수 있게 되었다. 1945년 7월 16일에 인류는 파괴적인 방법으로 질량을 에너지로 전환할 수 있게 되었다. 물리학이 순수성을 상실하게 된 것이다. 맨해튼 프로젝트의 책임자였던 로버트 오펜하이머Robert Oppenheimer는 "이제 나는 죽음, 즉 세상의 파괴자가 되었다."라고 말했다.

다행스럽게도 그 후 이성을 찾은 인류는 $E = mc^2$에 의해 질량에서 전환된 에너지를 원자력 발전소에서 전기를 생산하는 평화적 용도로만 사용하고 있다. 미래에는 또 다른 방법으로 질량에서 전환된 에너지가 우리가 당면하고 있는 환경 문제를 해결하는 데 크게 기여할 것이다. 이것은 1920년대에 아서 에딩턴Arthur Eddington이 별을 연구하면서 꿈꾸었던 일이다.

> 별은 우리가 알 수 없는 방법으로 엄청나게 큰 에너지 저장소를 가지고 있다. 이 저장소는 모든 물체를 구성하고 있는 원자보다 작은 입자들일 가능성이 크다. 우리는 인류가 언젠가 그 에너지를 사용하는 방법을 알게 되기를 꿈꾼다.

오늘날 우리는 그 과정이 핵융합이라는 것을 알고 있으며, 실제로 에딩턴이 가정했던 것처럼 태양과 별들이 핵융합에 의해 에너지를 방출한다는 것을 알고 있다. 핵융합에서는 가벼운 2개의 수소 원자핵, 또는 수소 동위원소의 원자핵이 결합하면서 질량의 일부가 에너지로 전환된다. 현재 전 세계 과학자들이 이 과정을 실험실에서 재현하기 위해 태양의 비밀을 훔치려고 노력하고 있다. 이것은 어려운 일이지만 이미 많은 부분이 해결되었다. 그리고 우리는 수십 년 안에 이산화탄소를 배출하지 않는 청정 에너지원을 갖게 될 것이고, 따라서 미래에 지구의 자원이 고갈되는 일은 일어나지 않기를 기대하고 있다.

# 4 온도를 재는 '켈빈'

K Kelvin

# 당신의 건강을 위하여!

"포도주 잔을 자세히 들여다보면 우주 전체를 볼 수 있다."

이 말을 들으면 해당 저자가 이미 여러 번 잔을 채운 포도주를 자세히 살펴본 후 한 말이라고 생각할 것이다. 포도주를 얼마나 마시면 적당하게 취해 환상 속의 나라를 여행할 수 있는지는 고대부터 잘 알려져 있었다. 처음 대규모로 포도주를 주조한 고고학적 증거는 조지아에 있는 트빌리시에서 발견되었으며, 기원전 6000년으로 거슬러 올라간다. 그러나 포도주 잔에 대한 이 말은 노벨 물리학상 수상자인 리처드 파인먼Richard Feynman이 쓴 《여섯 개의 쉬운 이야기Six Easy Pieces》에 실린 그의 고전적 에세이 〈물리학과 다른 과학과의 관계〉의 맺음말이다. 실제로 포도주와 물리학 — 전반적인 과학 — 은 생각보다 훨씬 더 밀접한 관계가 있다. 파인먼은 다음과 같이 말했다.

> (포도주 잔 안에는) 바람과 날씨에 따라 증발하는 춤추는 액체, 유리의 반사, 그리고 우리의 상상력에 의해 추가된 원자들이 들어 있다. 유리는 지구의 바위에서 추출한 성분으로 만든 것으로, 성분 원소들을 분석하면 우주의 나이

와 별들의 진화 과정을 알 수 있다. 포도주에는 어떤 화합물들이 포함되어 있을까? 이런 화합물들이 어떻게 포도주 안에 들어오게 되었을까? 포도주 안에는 발효물, 효소, 기질, 그리고 그 생성물이 들어 있다. 포도주에서는 모든 생명체가 발효된다는 위대한 일반적인 법칙을 발견할 수 있다. 루이 파스퇴르Louis Pasteur가 그랬던 것처럼 질병의 원인이 되는 미생물의 세계를 발견하지 않고는 포도주의 화학을 이해할 수 없다.

이야기를 종합해 보면, 한 잔의 붉은 포도주는 우리에게 즐거움을 주는 음료수일 뿐만 아니라 아직 탐험이 완전히 끝나지 않은 과학 실험실이다. 인류가 포도를 8천 번 이상 수확하고 포도주를 수십억 번 이상 음미한 후에야 포도주를 마시기 전에 잔을 돌리는 행동에 대한 자세한 물리학적 설명이 이루어졌다. 2020년에 출판된 저명한 학술지 《피지컬 리뷰 플루이드Physical Review Fluids》에 실렸고, 이후에 그 초록이 《네이처》에도 실린 논문이 이 문제를 다루었다. UCLA의 과학자인 안드레아 베르토치Andrea Bertozzi와 그녀의 동료들은 포도주 잔을 돌릴 때 잔 안쪽에 만들어지는 아치형의 얇은 막인 '포도주 눈물wine tears'에 대해 연구했다.

포도주 잔을 돌리면 액체의 얇은 막이 만들어지고 이 막으로부터 액체 방울이 흘러내려 다시 포도주로 돌아간다. 술의 신인 바쿠스Bacchus를 숭배하는 사람들에게는 오래전부터 잘 알려진 이 현상은 두 유체의 경계면의 성질과 중력이 결합하여 일어난다. 잔을 돌리면 포도주가 잔의 벽을 따라 올라오고, 이 얇은 층에 포함되어 있는 알코올은 유리잔 아래쪽에 있는 알코올보다 더 빨리 증발하기 때문에 원래의 포도주와 유리잔 벽에 있는 포도주의 화학적 성질이 달라진다. 잔 안쪽 벽을 따라 올라온 포도주는 알코올의 일부가 증발했기 때문에 알코올 함량이 낮으며, 이 두 액체 사이에 물리학적 효과가 발생하여 액체가 잔의 벽을 따라 올라가도록 한다. 이렇게 벽을 따라 올라간 액체가 눈물처럼 방울이 되어 흘러내린다.

이 과정은 1865년에 이탈리아 파비아 출신의 물리학자 카를로 마랑고니Carlo Marangoni가 설명했다. 그는 우리가 앞으로 이야기할 윌리엄 톰슨의 형인 제임스 톰슨James Thomson의 이전 연구를 완성했다. 마랑고니의 연구는 포도주가 아치를 만들며 균일하지 않은 방법으로 흘러내리는 이유를 공개 질문으로 남겨놓았다. 150년 후에 베르토치와 그의 연구팀이 미세한 파동에 의해 포도주의 얇은 막이 형성된다는 정교한 이론적 모델을 이용하여 그 해답을 내놓았다. 눈물을 만드는 것은 두께의 차이와 중력이다.

포도주의 알코올 함량이 높으면 높을수록 이 효과를 더 잘 볼 수 있다. 따라서 물리학자들이 바롤로Barolo(역자주: 적색 포도주의 일종) 병이나 아마로네 델라 발폴리첼라Amarone della Valpolicella(역자주: 이탈리아 북동부 지방에 있는 발폴라첼라 마을에서 생산된 포도주) 병에서 포도주 눈물에 대한 이해를 증진시키는 새로운 과학 논문을 쓸 수 있는 기회를 발견할 수도 있을 것이다.

최근 연구 분야에서는 "출판이냐, 아니면 퇴출이냐"라는 구호가 유행하고 있다. 이 구호는 연구 평가에서 논문의 질보다는 논문 수에 더 많은 점수를 주고 있다는 것을 나타낸다. 다행인 것은 실제로는 그렇지 않다는 것이다. 과학적 분석을 떠나 현실적인 것이 되도록 해주고 우리가 포도주의 풍미를 음미할 수 있도록 도와주는 사람들은 파인먼과 같은 과학의 거장이다. 파인먼의 에세이는 다음과 같은 말로 끝맺는다.

> 편협한 우리의 마음이 약간의 편리함을 위해 포도주 잔, 즉 우주를 여러 분야—물리학, 생물학, 지리학, 천문학, 심리학 등—로 나누어 놓았지만, 자연은 그런 것을 알지 못한다! 따라서 다시 모든 것을 합쳐보자. 그리고 포도주가 왜 있어야 하는지를 잊지 말자. 포도주가 우리를 한번 더 즐겁게 하도록 하자. 그리고 모든 것을 잊자!

## 감각에서 측정으로

16세기 말에 있었던 과학 혁명은 자연 현상에 대한 설명에 두 가지 중요한 혁신을 가져왔다. 첫 번째는 추상적인 방향으로의 전환과

정성적인 기술을 수학적인 것으로 대체한 것이다. 이것은 갈릴레이가 쓴 《시금자The Assayer》에 잘 요약되어 있다.

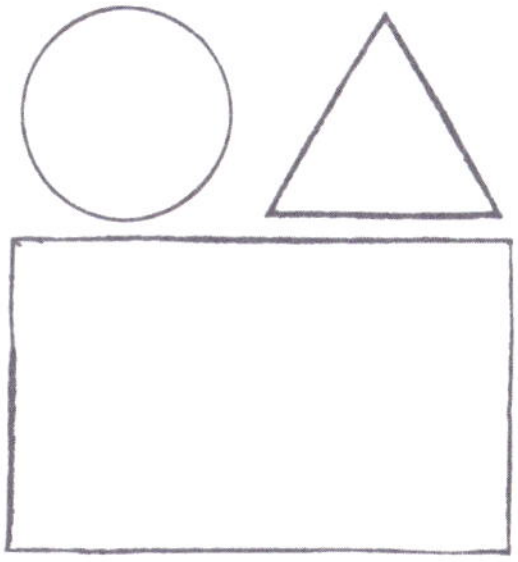

철학(자연철학)은 우리가 항상 바라볼 수 있는 이 위대한 책—우주—에 쓰여 있지만, 그것을 쓴 언어와 기호를 배우지 않으면 이해할 수 없다. 우주는 수학이라는 언어로 쓰여져 있으며, 그 기호는 삼각형, 원, 그리고 다른 기하학적 도형들이다. 따라서 이들을 모르면 한 단어도 이해할 수 없다. 이들을 모르면 우리는 어두운 미로에서 목적 없이 방황할 뿐이다.

갈릴레이 자신도 운동과 관성에 대한 설명에서 혁명적인 접근의 예를 보여주었다. 그는 마찰과 같은 부수적인 효과의 복잡성에서 벗어나 이상적인 성질에 집중했다.

두 번째 혁신은 측정이 자연을 기술하는 기본적인 방법이 되었다는 것이다. 이것은 온도를 측정하는 장치를 포함한 새로운 측정 장치의 개발로 이어졌다. 온도는 국제단위계의 일곱 가지 기본 물리량 중 하나이며, 가장 잘 알려져 있고 가장 많이 사용하는 물리량이다. 뜨겁고 차가운 감각은 사람이 가지고 있는 기본적인 감각이다. 고대 이래 사람들은 온도가 우리 생활과 자연, 그리고 자연에서 이루어지는 현상에 어떤 영향을 주는지 잘 알고 있었다. 가장 확실한 예는 계절의 변화일 것이다. 르네상스 운동이 시작되면서 온도 측정이 과학자들의 관심을 끈 것은 놀라운 일이 아니다. 갈릴레이는 1592년에 최초로 온도계를 만든 사람으로 인정받고 있다. 갈릴레이가 만든 온도계로는 두 물체의 온도를 비교하거나 온도의 변화를 측정할 수 있었지만, 절대적인 온도를 측정할 수는 없었다.

갈릴레이의 온도계는 한쪽은 열려 있고 한쪽 끝에는 유리구가 달린 유리관이었다. 물이나 포도주로 일부를 채운 후, 관의 열린 끝을 액체 안에 잠기도록 하고 유리구 쪽은 공기가 채워진다. 유리구를 온도를 측정하고자 하는 물체와 접촉하면 물체의 온도가 주변 온도보다 높은지 낮은지에 따라 유리구 안의 공기가 수축하거나 팽창한다. 공기가 수축하면 관 안의 액체의 높이가 올라가 물체의 온도가 온도계의 온도보다 낮다는 것을 나타내고, 반대로 공기가 팽창해 거품이 생기면 액체의 높이가 더 낮아진다. 이러한 측정 원리는 비잔틴의 필론Philo of Byzantium과 알렉산드리아의 헤론Hero of Alexandria이 온도 측정 장치를 만들었던 고대 그리스 시대부터 알려져 있었다. 그러나 다른 많은 분야에서와 마찬가지로 아리스토텔레스의 이론이 과학의 발전으로 이어지기 위해서는 천 년 이상을 기다려야 했다.

갈릴레이 시대에는 같은 조건에서 항상 같은 온도 값을 나타내는 온도계가 필요했다. 정확하게 같은 장치를 사용하는 것이 한 방법이었지만, 당시로서 그것은 가능한 일이 아니었다. 훨씬 쉬운 또 다른 해결 방법은 다른 온도계에 같은 기준을 적용하여 눈금을 매기는 것이었다. 이런 측정 방법은 비슷한 원인은 비슷한 결과를 만든다는 인과율을 바탕으로 하고 있다. 온도의 경우에는 온도계를 얼음이 녹아 있는 다른 물에 접촉했을 때마다 같은 값이 나온다는 것에서 시작했다. 따라서 얼음이 녹아 있는 물이 온도의 기준점으로 사용될 수 있었다. 효과의 불변성(또는 온도계가 나타내는 온도의 불변성)으로부터 원인의 불변성을 유추할 수 있으며, 이것은 일정한 온도로 나타나는 어떤 현상이 모든 얼음물에서 똑같이 작동하고 있음을 의미했다. 따라서 온도계를 얼음물에 접촉시켰을 때 온도계가 나타내는 온도가 항상 같아야 한다. 같은 원인은 항상 같은 효과를 나타내기 때문이다.

처음으로 기준을 이용하여 눈금을 새긴 온도계를 만든 사람은 갈릴레이의 가까운 친구였던 베네치아의 지오바니 프란세스코 사그레도Giovanni Francesco Sagredo였다. 사그레도는 여러 개의 공기 온도계를 만들었는데, 그는 이 온도계들이 같은 온도 값을 나타낸다고 주장하고 이를 이용하여 정량적 측정 결과를 내놓았다. 이 온도계로 측정한 가장 더운 여름 날의 온도는 360도였고, 눈의 온도는 100도였으며, 소금이 섞인 눈의 온도는 0도였다. 소금이 섞인 물은 순수한 물이 어는 온도보다 낮은 온도에서 언다고 알려져 있어, 사그레도는 눈의 온도와 소금이 섞인 물이 어는 온도를 온도 눈금의 기준점으로 삼았다.

사그레도가 1613년에 갈릴레이에게 보낸 편지에는 온도 측정에 의해 열리게 된 새로운 세상에 대한 그의 열정이 잘 나타나 있다.

> 당신이 발명한 열 측정기를 제가 편리하고 정교한 형태로 발전시켜 한 방과 다른 방의 온도 차이가 100도까지 난다는 것을 알게 되었습니다. 이로 인해 많은 놀라운 것을 알 수 있었습니다. 예를 들면 겨울에는 공기가 얼음이나 눈보다 더 차갑다는 것입니다.

우리는 체온을 측정하는 데 1561년 당시에는 베니스의 가장 성스러운 공화국에 속해 있던 카포디스트리아Capodistria(오늘날 슬로베니아의 코퍼)에서 태어난 산토리오 산토리오Santorio Santorio가 개선한 온도계의 덕을 보고 있다. 갈릴레이의 지인이었던 그는 1611년에 1년 전까지 갈릴레이가 학생들을 가르쳤던 파두아대학에서 의학을 가르치도록 초청받았다. 산토리오는 의학에 정량적인 측정 방법을 도입한 사람 중 한 명으로, 그는 갈릴레이가 과학에 혁명적인 변화를 주도하고 있던 것과 같은 시기에 의학에 실험 방법을 도입했다. 갈릴레이가 발견한 진자의 등시성에서 영감을 받은 산토리오는 심장 박동 수를 측정하는 펄실로기움pulsilogium이라는 장치를 발명했다. 그는 인체의 온도 변화를 처음 관찰하고 그 결과를 질병과 건강의 신호로 해석한 최초의 내과 의사였다. 산토리오는 공기 온도계를 개량하여 유리구를 환자의 입안에 넣을 수 있도록 했다. 그는 눈과 양초의 불꽃을 온도의 두 기준점으로 사용해 유리구의 간격을 표시했다.

## 평형의 문제

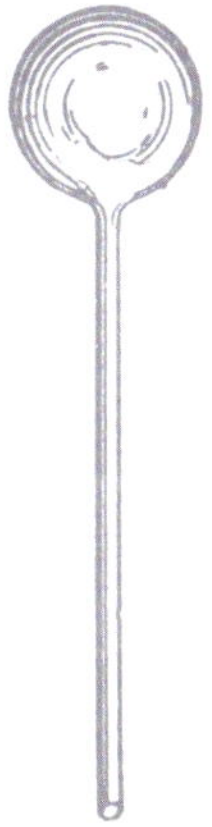

온도계는 열 현상과 관련된 물리학적 원리가 가장 잘 적용되는 예이다. 우선 열적 평형에 관한 이야기부터 시작해 보자. 평형의 개념은 물리학에서 매우 중요한 역할을 한다. 일반적으로 물리 체계를 특징짓는 물리량이 긴 시간 동안 변하지 않으면 평형 상태에 있다고 한다. 우리에게 가장 익숙한 평형 상태는 정역학적 평형이다. 예를 들어 테이블 위에 얹어놓은 스마트폰은 정역학적 평형 상태에 있다. 스마트폰에는 이동시키거나 회전시키는 힘이 작용하지 않기 때문에 시간이 흘러도 위치가 변하지 않는다.

그러나 역학적 평형만이 있는 것이 아니다. 스위치를 켜놓은 채 테이블 위에 얹어놓은 스마트폰은 역학적 평형 상태에 있지만 화학적 평형 상태에 있는 것은 아니다. 스마트폰 내부에서는 전기를 발생시키는 화학 반응이 일어나고 있다. 그리고 세 번째 종류의 평형인 물체의 온도가 일정하게 유지되는 열적 평형이 있다. 온도는 열적 평형 상태를 나타내는 물리량이다. 온도가 다른 두 체계가 접촉하면 시간이 지난 후에 두 물체의 온도가 같아지는 평형 상태가 된다. 다시 말해 따뜻한 물체가 차가운 물체로 열을 보내 두 물체의 온도가 같아진다.

온도계는 다른 체계와 접촉해 체계에 영향을 주지 않고 열적 평형 상태를 이루어 온도를 측정하는 장치이다. 온도를 측정하고자 하는 체계를 교란시키지 않기 위해서는 접촉면이 작아야 한다. 이것이 체온계가 작동하는 방법이다. 체온계는 몸의 온도를 변화시키지 않으면서 빠르게 몸과 열적 평형 상태에 도달한다. 온도계는 온도에 의해 쉽게 변하는 물리적 성질을 이용해 온도 변화를 직접 눈으로 볼 수 있게 한다. 전통적인 온도계에서 사용하는 물리적 성질은 온도계 안에 들어 있는 액체(예전에는 수은이었지만 현재는 알코올이나 갈륨)의 부피가 온도에 의해 변하는 성질이다. 우리가 직접 눈으로 관측하는 것은 부피 변화에 의해 나타나는 액체의 높이이다. 대부분의 물질은 온도가 올라가면 부피가 증가한다. 따라서 온도가 올라가면 관 안에 들어 있는 액체의 부피가 증가하면서 길이가 늘어난다. 이런 현상은 교량이나 건물, 그리고 철도를 설계하는 사람들에게 잘 알려진 사실이다. 그들은 특수한 연결 장치를 이용하여 이 문제를 해결한다. 온도계 안의 액체 기둥의 길이는 접촉해 있는 물체의 온도에 따라 변한다. 따라서 온도의 변화가 훨씬 쉽게 측정할 수 있는 길이의 변화로 나타난다. 전자 체온계에서 온도에 따라 변하는 것은 전기 저항이다. 이 값이 디지털 신호로 바뀌어 온도계의 작은 스크린에 온도 값으로 나타난다.

## 끓는 물과 녹는 얼음

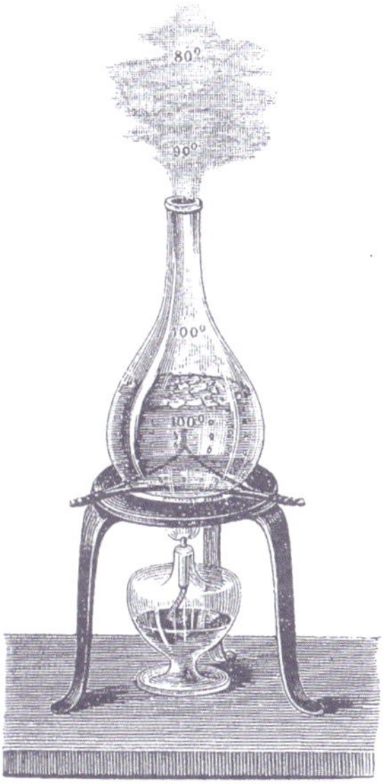

산토리오가 학생들에게 온도에 대해 가르치고 있던 것과 같은 시기에, 스웨덴의 엔지니어들은 당시 가장 강력한 군함 중 하나였던 바사Vasa를 건조하고 있었다. 1628년 10월 10일에 수많은 군중이 국왕이 참석한 가운데 배가 진수되는 스톡홀름 항구로 향하는 선착장에 줄지어 서 있었다. 그러나 군중의 열광이 곧 당황으로 바뀌었다. 배가 진수된 경사로에서 1.6킬로미터도 안 되는 곳에서 바사가 큰 문제가 될 것 같지 않은 바람으로 인해 30명의 선원과 함께 가라앉은 것이다. 이 배는 두 데크에 나누어 배치한

64문의 청동 대포로 무장하고 있었다. 왕의 지시에 따라 설치한 2층 데크로 인해 배의 너비에 비해 높이가 너무 높아져 불안정해진 것이었다. 목재로 만든 선체의 좌측이 우측보다 두꺼웠다는 문제도 있었다.

배를 건조한 목수들이 다른 측정 체계를 사용한 것으로 드러났다. 고고학자들은 배를 건조한 작업자들이 사용했던 4개의 자를 찾아냈다. 이 중 2개는 12인치인 스웨덴 피트를 사용했고, 다른 2개는 11인치인 암스테르담 피트로 되어 있었다. 바사의 실패는 같은 프로젝트에서 다른 측정 단위를 사용해 비참한 실패를 맛본 많은 예들 중 하나일 뿐이다. 우리는 앞에서 일부 엔지니어들은 미터법 단위를 사용하고, 다른 사람들은 영국 단위를 사용하여 화성 대기 중에서 공중 분해된 마스 클라이미트 오비터Mars Climate Orbiter 이야기를 했었다. 이러한 이야기는 얼마든지 있다.

1983년 7월 23일 몬트리올을 출발하여 오타와를 경유한 다음 에드먼턴까지 비행하기로 예정되어 있던 에어 캐나다 143편도 그런 예 중 하나이다. 자동 연료 측정 장치의 고장으로 인해 이 비행기는 연료 탱크에 직접 넣어서 연료의 양을 측정하는 측정봉으로 측정한 결과를 손으로 계산해 연료를 넣었다. 측정봉의 눈금은 센티미터로 되어 있었다. 따라서 측정봉으로 측정한 값에 적절한 전환계수를 곱해 연료의 양을 리터로 환산한 다음 다시 킬로그램으로 환산해야 했다. 그러나 마지막 환산에서 리터를 킬로그램이 아니라 파운드로 환산했다. 이 실수로 비행기는 목적지까지 가지 못하고 마니토바의 짐리에 있는 옛 캐나다 공군기지였으며 당시에는 자동차 경주장으로 사용하고 있던 트랙에 비상 착륙을 해야 했다. 다행히 승객이나 승무원은 모두 무사했다. 이 사고가 있은 후 이곳은 '짐리 글라이더Gimli glider'라는 별명으로 불리게 되었다.

앞에서 이미 살펴보았던 것처럼 측정 단위에 대해 합의를 이루는 것은 간단한 문제가 아니다. 온도의 경우도 예외가 아니었다. 오늘날 화씨온도와 섭씨온도의 사용을 두고 의견이 나누어져 있는 것도 이를 잘 나타내고 있다. 최초의 온도계가 개발되고 1세기도 안 되어 과학자들이 보편적인 온도 체계가 필요하다는 생각을 하기 시작했다. 뉴턴과 덴마크의 천문학자 올레 뢰머Ole Rømer도 1700년대에 보편적인 온도 체계를 생각했지만, 다니엘 파렌하이트Daniel Fahrenheit가 아직도 미국에서 사용되고 있는 그의 이름이 붙은 온도 체계를 제안한 것은 1724년이었다.

그는 처음으로 온도계에 사용하는 액체로 수은을 사용했다. 큰 열팽창 계수를 가지고 있는 수은의 사용은 온도계의 정확도를 크게 높였다. 같은 온도 변화에서 수은은 물이나 알코올보다 훨씬 더 많이 팽창하기 때문에 온도 변화를 좀 더 정확하게 나타낼 수 있다. 파렌하이트는 물과 얼음, 그리고 암모늄염 혼합물의 온도를 0도로 정하고, 사람의 평균 체온은 96도, 그리고 얼음과 물의 혼합물의 온도는 0도로 정했다. 오늘날 미국에서 공식적으로 사용되고 있는 화씨 온도계(°F라고 표시)는 얼음이 녹는 온도를 32°F로 하고 물이 끓는 온도를 212°F로 한 다음 그 사이를 180등분한 온도 체계이다.

1742년에 전 세계적으로 널리 사용되고 있는 새로운 온도계가 등장했다. 이 온도계는 스웨덴의 천문학자 안데르스 셀시우스Anders Celsius가 고안한 것이었다. 후에 유명해진 논문에서 그는 자신의 온도계 스케일(눈금)에 사용된 2개의 기준점에 대해 설명했다. 이것은 이미 산토리오가 제안했던 것이지만 널리 받아들여지지 않고 있었다. 셀시우스는 일반적인 압력 조건에서 얼음이 녹는 온도와 물이 끓는 온도 사이를 100등분했다. 처음에 셀시우스는 물이 끓는 온도는 0도로 하고 물이 어는 온도를 100도로 정했다. 그러나 그가 죽은 후 얼음이 녹는 온도가 0도, 물이 끓는 온도가 100도로 바뀌었다. 오늘날 이 온도 체계를 '셀시우스 체계'라고 부르고 ℃로 나타내고 있다.

## 얼음처럼 차가운 페로니 여섯 캔

1970년대 말에 이탈리아는 코미디언 파올로 빌라지오 Paolo Villaggio의 작품으로 대

성공을 거둔 9편의 영화의 주인공이었던 사랑스럽지만 불운한 샐러리맨 판토치Fantozzi와 사랑에 빠졌다. 두 번째 영화에서 해설자가 소개한 판토치의 일상은 그의 생활을 잘 나타낸다. 판토치는 사무실에서 일을 끝내고 지친 몸으로 집에 돌아와 이탈리아와 영국의 축구 경기 방송을 볼 준비를 하고 있다.

> 판토치는 환상적인 계획을 가지고 있었다. 양말, 내복, 플란넬 목욕 가운, 텔레비전 앞에 놓인 접시 테이블, 침이 나오게 만드는 진한 양파 오믈렛, 얼음처럼 차가운 여섯 캔의 페로니, 광란적인 응원, 계속 나오는 트림.

이탈리아에서 맥주의 온도에 대해 이야기하고 싶다면, 먼저 위대한 파올로 빌라지오와 얼음처럼 차가운 페로니 맥주에 찬사를 해야 한다. 1970년대에는 맥주는 차갑게 마시는 것이 당연하다고 생각했다. (영국을 여행한 후 불가피하게 나오는 불평 중 하나는 미적지근한 맥주에 대한 이야기일 것이다.) 그러나 그 후 맥주의 온도에 엄청난 변화가 있었다. 맥주 애호가들의 기호가 정밀해진 결과 종류에 따라 제공되는 맥주의 온도가 0℃에서 16℃ 내지 18℃까지 다양하게 되었다. 많은 문학 작품들이 맥주 온도를 주제로 다루었고, 《월스트리트 저널》과 같은 지식인들이 읽는 신문에서도 이에 대해 관심을 보였다. 판토치와 얼음처럼 차가운 페로니에게는 미안하지만, 맥주 한 잔을 제대로 즐기기 위해서는 온도계가 꼭 필요하게 되었다. 그러나 이 경우에도 온도 측정에 사용하는 단위에 조심해야 한다. 유럽에서는 필스너Pilsner를 4℃ 내지 6℃에서 마시고, 미국에서는 같은 맥주가 38°F 내지 45°F로 제공된다. 따라서 단위를 실수할 경우에는 틀림없이 색다른 미각을 경험할 것이다.

온도와 맥주의 관계는 생각하는 것보다 훨씬 밀접하다. 이는 포도주만이 이 특별한 물리량과 깊은 관련이 있는 음료수가 아니라는 것을 나타낸다. 온도는 물체와 환경 사이의 에너지 교환, 역학적인 일이 열로 전환되는 과정, 그리고 열이 일로 전환되는 것과 같은 거시적인 과정을 연구하는 열역학에서 가장 기본이 되는 물리량이다. 열은 에너지의 한 형태이다. 좀 더 정확하게 말하면 열은 두 물체의 온도 차이에 의해 이동하는 에너지이다. 온도가 높은 물체에서 온도가 낮은 물체로 열이 이동하면 두 물체의 온도가 같아진다.

열역학의 아버지 중 한 사람은 랭커셔에 있는 샐포드의 양조장을 운영했던 제임스 프레스콧 줄James Prescott Joule이다. 줄은 1840년대에 기계 사이의 에너지 이동 메커니즘인 역학적 일과 열의 동등성을 증명했다. 한 유명한 실험에서 줄은 물속에 들어 있는 프로펠러를 돌리는 역학적 과정을 통해 통 속에 들어 있는 물의 온도를 높일 수 있다는 것을 보여주었다. 프로펠러를 돌리는 데 사용된 역학적 에너지가 마찰에 의해 물의 열에너지로 전환된 것이다. 줄은 현대 열역학의 기초를 닦았다. 특히 열소설이 옳지 않다는 것을 증명하여 열역학 제1 법칙인 에너지 보존 법칙의 기반을 마련했다.

열소는 눈에 보이지 않는 비물질적인 유체로, 물체 내에 포함되어 있는 열소의 양에 의해 물체의 온도가 결정된다고 생각했었다. 열소는 뜨거운 물체에서 차가운 물체로 흘러갈 수 있었다. 그러나 줄은 열 역시 에너지가 이동하는 현상임을 실험을 통해 증명했다. 양조업을 하면서 알게 된 화학과 공작 경험을 통해 뛰어난 실험 기술을 습득한 그는 물의 온도 변화를 정밀하게 측정하여 이런 결론을 이끌어 낼 수 있었다. 맨체스터 남부 브루클린 외곽에 있는 그의 무덤에 있는 비석에는 772.55라는 숫자가 새겨져 있다. 이 숫자는 1878년에 했던 실험을 통해 알아낸 열의 일당량(영국에서 사용되는 피트-파운드 단위로 표시된 열과 일 사이의 전환 계수)이다.

## 맥주 분자

°C

맥주잔에는 약 $10^{25}$개의 분자가 들어 있다. $10^{25}$에서 위첨자 25는 물리학자들과 수학자들이 1 다음에 0이 25개 온다는 것을 나타내는 방법이다. 이것은 맥주 몇 모금에 1,000만의 10억 배의 다시 10억 배에 해당하는 수의 분자가 들어 있음을 의미한다. 첫 모금을 마실 때 우리 뇌는 맥주의 온도가 적당한지를 판단한다. 그러나 우리는 온도에 대한 우리의 감각이 이렇게 많은 수의 분자들과 연관되어 있다는 생각은 하지 못한다. 그리고 우리는 기대했던 것보다 맥주의 온도가 높은 경우 맥주 분자들이 우리 기호에 맞는 속도보다 더 빠른 속도로 운동하고 있기 때문이라는 생각을 하지 못한다. 그러나 그것은 사실이다. 온도, 압력, 부피와 같은 물리 체계의 거시적인 열역학적 성질은 구성 분자들의 미시적인 성질과 밀접하게 연결되어 있다.

거시적인 열역학적 물리량과 물질의 미시적 행동 사이의 관계는 분자 운동 이론에 의해 기술된다. 줄은 분자 운동 이론의 개척자 중 한 사람이다. 분자 운동 이론은 1870년경에 빈의 물리학자인 루트비히 볼츠만Ludwig Boltzmann에 의해 완성되었다. 그가 분자 운동론을 연구한 체계는 용기 안에서 일정하지만 빠른 속도로 운동하고 있는 입자들(원자나 분자)로 이루어진 기체였다. 운동론에 의하면 기체의 압력, 부피, 온도는 구성 원자나 분자의 운동에 의해 결정된다. 압력은 입자들이 용기 벽에 충돌하면서 발생하고, 온도는 입자들의 운동 에너지와 관련이 있다.

거시 세계와 미시 세계를 연결하는 물리 상수인 $k_B$는 그의 공적을 기리기 위해 '볼츠만 상수'라고 부른다. 볼츠만 상수는 이상 기체에서 입자들의 운동 에너지와 온도 사이의 관계를 나타내는 식에 포함되어 있다.

$$E = \frac{3}{2} k_B T$$

위 식에 의하면 이 책을 읽고 있는 방의 온도 $T$는 공기 분자들의 평균 운동 에너지 $E$에 비례하고, 분자의 평균 속력의 제곱에 비례한다. 공기의 온도가 높을수록 공기 분자들이 빠르게 운동하고 있다. 온도와 에너지 사이의 비례 상수 $k_B$는 $1.380649 \times 10^{-23}$이다. 상온에서 공기 분자들은 시속 약 1,800킬로미터로 운동하고 있다.

물리학의 아름다움은 무한하게 작은 것과 거시 세계(예를 들어 원자와 비행선)의 관계를 위의 식에서와 같이 몇 개의 변수를 포함하고 있는 간단한 식으로 나타낼 수 있다는 것이다. 이 식은 온도를 과학적인 척도로 나타내는 데 중요한 역할을 한다. 1848년에 제안된 이 척도의 이름은 작은 하천의 이름을 따라 명명되었다.

## 형제들

물리학의 역사는 이상한 일화들로 가득하다. 줄과 마찬가지로 볼츠만도 그의 묘비에 엔트로피 방정식이 새겨져 있다. 축구 선수로서의 하랄 보어Harald Bohr의 명성이 그의 동생 닐스 보어Niels Bohr의 명성을 가리지 못했다면, 톰슨Thomson 형제의 경우에도 마찬가지이다. 제임스와 윌리엄 형제는 북아일랜드의 벨파스트에서 2년 간격으로 태어났다. 제임스는 1822년에, 윌리엄은 1824년에 태어났다. 제임스는 과학자 겸 발명가로, 그는 앞서 이야기했던 포도주의 눈물에 대한 연구를 한 사람이다. 그러나 양조 분야의 전문가들 중에도 그의 이름을 기억하는 사람은 많지 않다. 알코올 눈물에 대한 연구는 이 현상을 완전하게 설명한 이탈리아의 카를로 마랑고니Carlo Marangoni의 공으로 돌려져 있기 때문이다.

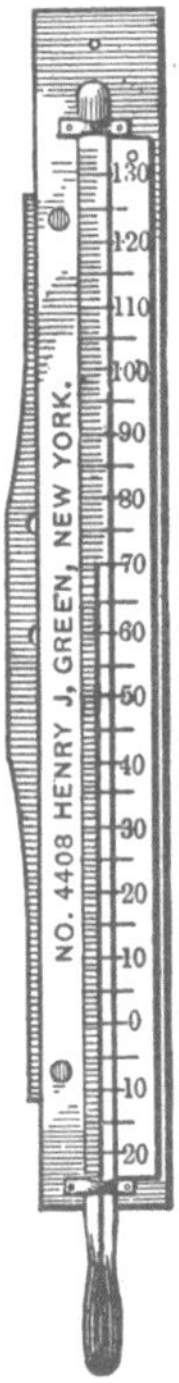


보어의 경우와 마찬가지로 톰슨 형제의 경우에도 한 사람만이 과학의 신전에 들어갔다. 그리고 그것은 제임스가 아니었다. 뛰어난 과학적 자질을 가지고 태어났던 동생은 켈빈 남작이 되어 귀족의 반열에 오른 첫 번째 과학자였다. 그가 받은 작위의 명칭은 길이가 35킬로미터쯤 되는 작은 하천의 이름에서 유래했다. 글래스고에서 북쪽으로 흐르는 이 하천이 세계적으로 유명해진 것은 윌리엄 톰슨의 실험실 옆을 흐르고 있었기 때문이다.

톰슨은 대서양을 횡단하는 해저 전선을 설치하는 데에도 관여했지만, 그가 명성을 얻게 된 것은 주로 열역학 분야의 연구로 인해서였다. 그는 1848년에 그의 이름으로 불리는 온도 스케일(척도)를 제안했다. 일상생활에서는 섭씨온도나 화씨온도만큼 널리 사용되고 있지 않지만, 켈빈 스케일은 물이나 인체와 같은 물질과 독립적으로 정의되었기 때문에 열역학의 기초가 되는 온도 척도이다.

켈빈 스케일에서 한 단위의 증가는 섭씨온도에서 한 단위의 증가와 같지만, 얼음이 녹는 온도를 0도로 하는 대신 물질이 도달할 수 있는 가장 낮은 온도(-273.15℃)를 0도로 잡았다. '절대영도'보다 낮은 온도는 없다. 켈빈 스케일을 '절대온도'라고 부른다. 물질을 이루고 있는 원자나 분자들의 운동 에너지의 크기를 나타내는 것은 절대온도이다. 따라서 앞에서 살펴본 식 $E = 3/2\, k_B T$에 포함되어 있는 $T$는 절대온도를 나타낸다.

1954년에 국제도량형총회 결정으로 켈빈 스케일($K$로 나타냄)은 열역학의 기본적인 온도 단위가 되었다. 이론에 포함되어 있는 단위가 구체적인 의미를 가지기 위해서는 측정 방법이 정해져야 한다. 절대온도는 물의 삼중점의 온도가 237.16$K$가 되도록 정했다. 삼중점은 물이 고체, 액체, 기체 상태가 평형을 이루는 점이다. 삼중점은 주어진 압력에서는 정확하게 같은 온도 값을 가지기 때문에 기준으로 삼기에 적당하다. 2019년까지는 1$K$의 온도 차이는 물의 삼중점 온도의 1/273.16로 정의되었다.

다른 측정 단위와 마찬가지로 물리 상수를 바탕으로 기본 단위를 새롭게 정의하면서 절대온도의 정의도 바뀌었다. 2019년에 볼츠만 상수를 이용하여 1$K$가 새롭게 정의되었다. 새로운 정의는 볼츠만 상수, 즉 $k_B$의 값이 $1.380649 \times 10^{-23}\mathrm{kgm^2s^{-2}K^{-1}}$이 되도록 하는 값이다. 볼츠만 상수에 포함되어 있는 킬로그램, 미터, 초 역시 이미 살펴본 것처럼 물리 상수를 이용하여 정의되었다. 따라서 물의 삼중점은 더 이상 온도를 정의하는 기준이 아니지만 아직 온도계를 조정하는 편리하고 실용적인 기준점으로 사용되고 있다.

켈빈은 물리학에서 널리 사용되는 온도의 단위지만 일상생활과 많은 응용 분야에서는 섭씨온도가 일반적으로 사용되고 있다. 전 세계 많은 나라에서 섭씨온도를 사용하는 것은 전통 때문이기도 하고, 물이 어는 온도를 0℃로 하고 물이 끓는 온도를 100℃로 정한 단순함 때문이기도 하며, 일상생활과 관련된 온도를 작은 수로 나타낼 수 있는 편리성 때문이기도 하다. 그러나 미국과 태평양의 섬나라인 케이맨 제도, 그리고 라이베리아에서는 아직도 섭씨온도가 아니라 화씨온도를 공식 온도 단위로 사용하고 있다.

## 도달할 수 없는 목표

미국에서 기록된 가장 낮은 온도는 1954년 1월 20일 로키산맥을 가로지르는 몬태나의 로저스 패스Rogers Pass에서 측정된 -57℃(-70℉)이다. 그러나 이것은 세계 기록과 비교하면 아무것도 아니다. 1983년 7월 21일 남극에 있는 러시아의 보스토크 연구소에서 측정한 온도는 -89.2℃(-128.6℉)였다. 그러나 이것도 달의 남극 가까이 있는 크레이터에서 NASA의 루나 리코네이션스 오비터Lunar Reconnaissance

Orbiter가 측정한 -240℃(-400℉)와 비교하면 높은 온도이다. 하지만 달에서 측정된 -240℃도 절대영도보다는 훨씬 높은 온도이다.

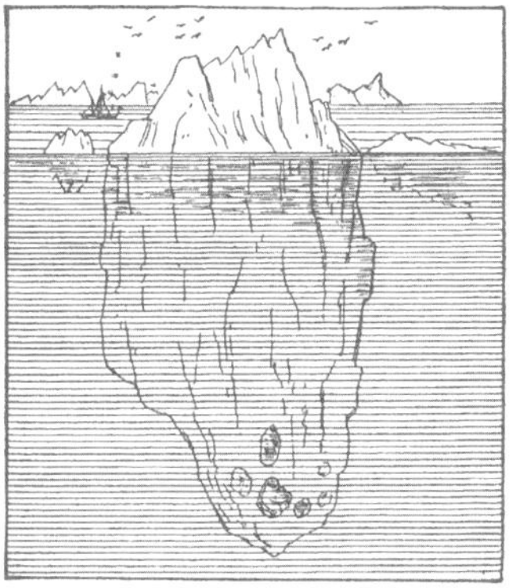

물리학 실험실에서는 절대영도 가까이 도달할 수 있다. 2014년에 이탈리아 국립원자핵연구소의 그랜 사소Gran Sasso 실험실에서 연구자들은 0.006*K*의 온도를 기록했다. 이 온도는 1세제곱미터나 되는 비교적 큰 부피에서 이루어낸 결과였다. 아주 작은 부피에서는 수십 조분의 1*K*에 도달하기도 했다. 절대영도에 가까워지면 물체의 행동이 달라지기 때문에 물리학자들은 절대영도에 가까운 낮은 온도에 흥미를 느끼고 있다. 이런 온도에서는 물체의 열적, 전기적, 그리고 자기적 성질이 크게 변한다. 일정한 임계온도 이하에서 일어나는 두 가지 중요한 현상은 초전도성과 초유체성이다. 초전도 물질은 전기 저항이 0인 물질이어서 유럽원자핵연구소CERN에 있는 대형 하드론 충돌 가속기LHC에서와 같이 강한 자기장을 필요로 하는 시설에서 사용되고 있다. LHC는 1,700개의 전자석을 이용하여 입자들이 궤도에서 벗어나지 않도록 조정하고 있는데, 이 전자석들은 초전도체로 이루어져 있다. 이 중에는 무게가 28톤이나 되는 것도 있다.

절대영도는 이론적으로 도달할 수 없는 온도이다. 열역학 제3법칙에 의하면, 온도가 절대영도에 다가가면 열을 이동시키는 것이 점점 더 어려워진다. 따라서 유한한 시간 안에 유한한 에너지를 이용하여 절대영도에 도달하는 것은 불가능하다. 고전 역학의 확실성 대신에 확률의 개념을 도입한 양자역학 역시 같은 결론을 내놓고 있다. 하이젠베르크Heisenberg의 불확정성 원리에 의하면, 아무리 정확한 실험이라고 해도 위치와 속력(좀 더 정확하게는 질량과 속도를 곱한 양인 운동량)을 동시에 정확하게 결정하는 것은 가능하지 않다. 이 원리에 의해서도 시스템의 에너지와 시간을 동시에 정확하게 측정하는 것이 가능하지 않다.

다시 말해 시스템의 에너지 오차 $\Delta E$와 측정에 소요된 시간의 오차 $\Delta t$의 곱은 특정한 값보다 작을 수 없다. 이것을 식으로 나타내면 $\Delta E \cdot \Delta t \geq h/4\pi$이다. 이 식에서 $h$는 앞 장에서 이야기했던 플랑크 상수이다. 온도가 절대영도인 계를 만들면 에너지가 0이 되어 에너지 오차도 0이 된다($\Delta E = 0$). 하이젠베르크의 불확정성 원리에 의하면 이 상태를 측정하기 위해서는 현실적으로 의미가 없는 무한한 시간이 필요하다. 다른 측면에서 보면 물체의 온도를 절대영도까지 낮추면 원자들이 한 점에 정지하게 된다. 그렇게 되면 원자들의 위치와 운동량을 동시에 정확하게 결정할 수 있게 되어 하이젠베르크의 불확정성 원리에 위배된다.

## 태양보다 더 뜨겁다

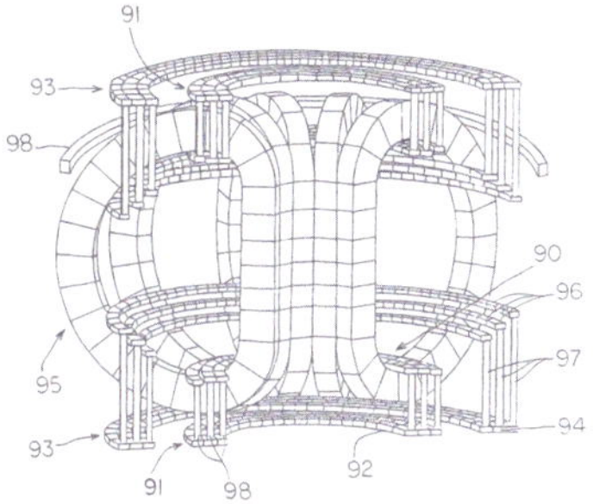


3월 2일에 초음속 콩코드 제트기가 처녀 비행을 했다. 순항 고도인 해발 1만 7,000미터의 온도는 약 -57℃였다. 7월 20일에 인류는 달에 첫발을 내디뎠다. 닐 암스트롱Neil Armstrong과 버즈 올드린Buzz Aldrin이 달에 있는 동안 온도는 -23℃와 7℃ 사이에서 변했다. 8월 15일 우드스톡의 진흙으로 이루어진 무대는 조안 바에즈Joan Baez, 재니스 조플린Janis Joplin, 그리고 많은 다른 가수들의 음악을 즐기는 젊은이들을 불러 모았다. 이날 낮 온도는 28℃였고, 밤에는 12℃로 떨어졌다. 그러나 그곳에 모인 사람들 중에서 그것을 알아차린 사람은 별로 없었다. 우리는 지금 1969년에 있었던 일을 이야기하고 있다. 그해 봄에 여러 명의 영국 과학자들이 1천만 도를 측정할 수 있는 온도계를 가지고 모스크바로 향했다. 냉전 기간 중에도 온도계는 과학이 평화의 도구가 될 수 있다는 것을 보여주었다.

이 시기에 서방 세계와 소련은 팽팽한 긴장 상태를 유지하고 치열한 핵무기 경쟁을 벌이고 있었다. 1960년에서 1969년까지 불과 9년 동안에 소련과 미국은 660회의 핵실험을 했고, 이로 인해 전 세계는 공포 속에서 살아야 했다. 그러나 핵무기에 대한 연구와 함께 핵에너지를 평화적으로 이용하는 연구도 진행되었다. 처음 연구되어 실용화된 것은 핵분열이었다. 핵분열은 충돌한 중성자를 흡수한 원자핵이 분열하면서 에너지를 방출하는 과정이다. 1951년에 첫 번째 실험용 핵분열 원자로인 EBR-1이 미국에서 가동되었다. EBR-1이 생산한 에너지는 200와트짜리 전구 4개를 밝힐 수 있는 것이었지만, 이것은 역사적인 사건이었다. 1954년 6월 27일 소련에서 첫 번째 민간용 원자력 발전소인 아톰 미르니Atom Mirny(평화스런 원자)가 가동을 시작했다. 1년 후 아이다호주의 아르코에서 가동을 시작한 BORAX-III는 도시 전체를 밝힐 수 있는 전기를 생산했다. 유럽에서는 1956년에 영국 시스케일 부근에 있는 칼더 홀 발전소에서 원자로가 가동을 시작했고, 이탈리아에 첫 번째 원자력 발전소가 세워진 것은 1963년이었다.

그러나 제2차 세계대전이 끝난 직후부터 핵분열과 다른 종류의 핵반응인 핵융합 반응에 대한 연구도 시작되었다. 킬로그램에 대해 이야기하면서 이미 언급했던 것처럼 핵융합 반응에서는 2개의 수소 동위원소의 원자핵이 결합한다. 이 과정에서 질량의 일부가 에너지로 전환된다. 핵분열의 경우와 마찬가지로 핵융합 반응에서 방출되는 에너지는 화학 반응에서 방출되는 에너지보다 훨씬 크고, 이산화탄소도 배출하지 않는다. 핵융합 반응의 장점은 반감기가 긴

핵폐기물을 방출하지 않는다는 것이다. 반응은 기본적으로 안전하고, 연료(물과 리튬 광물)는 얼마든지 있다. 이런 종류의 연구가 전략적으로 중요하게 취급된 것은 당연하다.

따라서 냉전이 한창일 때는 핵융합과 관련한 두 진영 사이의 경쟁이 위험해 보일 정도로 치열하게 진행되었다. 핵융합을 에너지원으로 활용할 수 있게 되면 엄청난 경제적·정치적 이익을 얻을 것이다. 1968년 여름에 있었던 3차 플라스마와 제어된 핵융합 반응에 관한 물리학 학술회의에서 소련은 연료의 온도를 1천만 도까지 올리는 실험에 성공했다고 발표했다. 이 발표를 들은 서방 진영의 많은 과학자들은 식은땀을 흘렸다. 그들이 이렇게 동요한 이유는 핵융합에 관한 물리학 때문이었다.

핵융합이 일어나기 위해서는 2개의 수소 동위원소의 원자핵을 원자핵 사이에 작용하는 전기적 반발력을 극복할 수 있는 높은 온도까지 가열해야 한다. 2개의 원자핵은 양전하를 가지고 있기 때문에 서로를 밀어낸다. 두 원자핵이 가까이 충분히 가까이 다가가면 인력으로 작용하는 핵력에 의해 결합한다. 두 원자핵을 충분히 가까이 다가가게 하려면 두 원자핵을 수백만 도로 가열하여 빠른 열운동을 하도록 해야 한다. 열운동에 관해서는 이미 앞에서 이야기했다. 높은 온도에서는 원자핵이 빠르게 운동하기 때문에 반발력을 이길 수 있는 운동 에너지를 갖는다. 이런 온도에서는 물질이 플라스마라는 상태에 도달한다. 플라스마는 이온화된 기체로 핵융합의 연료로 사용된다. 과학자들은 미래 핵융합 원자로를 태양의 핵보다 온도가 높은 1억 5,000만 도까지 가열하는 것을 목표로 하고 있다. 핵융합이 일어나도록 하기 위해서는 높은 온도의 플라스마를 담아둘 그릇이 필요하다. 핵융합 연구를 하는 물리학자들은 강한 자기장으로 플라스마를 가두는 도넛 모양의 강철 용기를 설계했다. 자기장은 플라스마에 포함된 전하를 띤 입자들에 힘을 작용하여 용기에서 벗어나지 못하도록 한다.

1960년대 이루어진 중요한 실험 중 하나가 모스크바에 있는 쿠차토프 원자에너지연구소에서 행해진 T-3라고 부르는 실험이었다. 이 실험을 하기 위해 소련 과학자들은 토카막tokamak이라고 부르는 특수한 자기장 구조를 만들었다. 토카막 장치는 몇 년 전 소련의 안드레이 사하로프Andrei Sakharov와 이고르 탐Igor Tamm이 처음 구상했다. 몇 년 동안 실험을 한 후 1968년에 과학자들은 T-3의 플라스마 온도를 1천만 *K*까지 가열하는 데 성공했다고 발표했다. 플라스마의 다른 변수들을 감안하면 그것은 놀라운 결과였다. 이는 매우 전략적인 분야에서 당분간 소련이 우위를 차지함을 의미했다. 다행히 당시의 정치적 대립에도 불구하고 동서 양 진영 사이의 과학적 통로는 열려 있었다.

과학 정신에 입각하여 재현성을 확인하기 위한 객관적인 검증

이 제안되었다. 그들이 얻은 결과의 중요성을 잘 알고 있던 소련의 물리학자들은 그들이 도달한 온도를 검증하기 위해 개인적으로 소련을 방문해 달라고 영국 쿨햄 실험실의 물리학자들을 초청했다. 소련과 경쟁 관계에 있었던 영국은 특별한 온도계를 보유하고 있었다. 영국의 과학자들은 당시로서는 새로 개발된 레이저를 이용하여 플라스마의 온도를 정밀하게 측정할 수 있는 전문가들이었다.

냉전의 정점에서 소련의 과학자들의 제안은 대담한 것이었다. 정치적·외교적 중요성과 그로 인해 많은 어려움이 있었지만, 양 진영은 이 실험을 통해 서로 큰 이익을 볼 것으로 기대했다. 소련은 그들이 한 측정을 확인할 수 있었고, 영국에는 최근에 완성한 톰슨 산란Thomson scattering이라고 부르는 온도 측정 기술을 위한 국제적인 시험 무대가 제공되었다. 이것은 플라스마 안에서 운동하고 있는 전자들에 의해 산란하는 레이저 빔을 추적하는 어려운 기술이었다.

양 진영의 서로 다른 이해관계와 복잡한 추진 과정에도 불구하고 협력 사업이 시작되었다. 영국 과학자들은 5톤의 장비를 가지고 모스크바로 향해 출발했다. 수 주일 동안의 준비를 끝낸 후에 측정이 성공적으로 이루어져 소련의 물리학자들이 전 해에 보고한 결과를 확인했다. 이는 토카막 장치의 국제적 성공을 위한 길을 연 것이었다. 불과 몇 달 뒤 미국에서 프린스턴 실험실의 주요 실험을 토카막 장치로 바꾸고 비슷한 결과를 얻었다. 다시 말해 토카막 장치가 제어된 핵융합 반응 실험의 선두 주자가 된 것이다.

이로써 과학자들이 정치의 벽을 허물 수 있다는 것을 보여주었다.

# 5 전류를 재는 '암페어'

Ampere

## 긁어내기, 그리고 … 볼타

그가 월계수로 장식된 비문의 마지막 세 글자를 손톱으로 긁어내기 시작하자 많은 사람들이 깜짝 놀랐다. 그들은 파리에 있는 프랑스 과학 아카데미 도서관에 있었고, 그 비문은 유명한 볼테르를 기념하기 위한 것이었다. 그러나 아무도 제1 집정관이었던 나폴레옹 보나파르트Napoleon Bonaparte에게 감히 그만두라는 말을 할 수 없었다. 이 미래의 황제는 비문에 새겨진 볼테르Voltaire라는 이름 대신 그가 존경했던 이탈리아의 물리학자 알레산드로 볼타Alessandro Volta의 이름을 넣고 싶어 했다. 볼테르 이름에서 세 글자(즉 ire)를 긁어내자 '위대한 볼테르에게'가 '위대한 볼타에게'로 바뀌었다.

다른 확실한 증거가 없기 때문에 빅토르 위고Victor Hugo가 쓴 《셰익스피어Shakespeare》에 실려 있는 이 이야기가 사실인지는 알 수 없다. 그러나 확실한 것은 나폴레옹이 볼타를 무척 존경했다는 것이다. 나폴레옹은 볼타에게 과학 아카데미 메달을 수여했고, 1809년에 새로 수립된 이탈리아 왕국의 상원의원으로 임명했으며, 백작의 작위도 수여하였다.

나폴레옹이 볼타를 존경한 것은 그의 과학적 업적, 특히 전지를 발명한 것을 인정했기 때문이다. 볼타는 1745년 코모에서 태어났다. 그는 전기 현상의 연구에서 선구자적인 역할을 했고(그 당시 과학계는 전기에 대한 체계적인 연구를 시작하고 있었음), 마지오레 호수 주변에 있는 습지에서 메테인을 발견하기도 했다. 1799년에 그는 볼타 파일이라고 부른 첫 번째 전지를 만들었다. 볼타 파일은 화학 반응을 이용하여 화학 에너지를 전기 에너지로 전환하는 장치였다. 볼타의 발명이 얼마나 큰 영향을 주었는지는 오늘날 우리가 얼마나 많은 전지를 사용하고 있는지만 생각해 보아도 알 수 있다. 미래 전기 경제 시대에는 전지가 더욱 중요한 역할을 할 것이다. 1927년에 있었던 볼타 서거 100주년 기념식에서 아인슈타인도 볼타가 발명한 전지의 중요성에 대해 언급했다. 그는 전지를 '현대 발명의 기본적인 바탕'이라고 했다.

## 사라진 글자

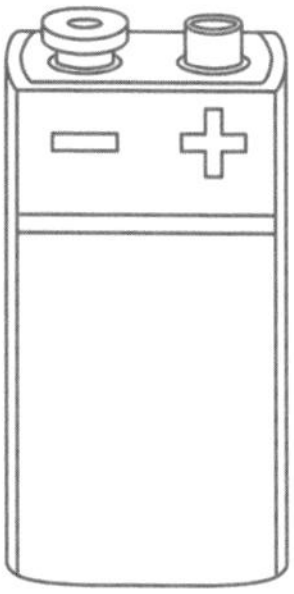

이탈리아 토리노의 코르소 르 움베르토 10번지에는 '일상생활에서 글쓰기를 단순하게 만든 사람이 태어난 곳'이라는 표지판이 붙어 있다. 이 사람은 그의 가족이 프랑스로 이사하기 전인 1914년

에 피에몬테주의 주도였던 이곳에서 태어난 마르셀 비크Marcel Bich이다. 제2차 세계대전이 끝난 후에 그는 헝가리의 발명가 비로의 특허를 넘겨받아 완성한 다음 세계에서 가장 널리 사용되고 있는 필기도구인 빅펜Bic pen을 생산했다.

라슬로 요제프 비로László József Bíró는 이탈리아에서는 그의 이름을 따서 '비로의 펜'이라고 부른 볼펜을 처음으로 만든 볼펜의 선구자이다. 그는 만년필에 잉크를 새로 채워넣어야 하는 귀찮은 일로부터 글 쓰는 사람들을 해방시켰다. 비로의 펜을 처음 사용한 곳은 영국 공군이었다. 잉크를 사용하는 펜은 쉽게 잉크가 흘러나왔기 때문에 비행에 적합하지 않았지만, 새로 개발된 볼펜—영국 공군이 '에터펜Eterpen'이라는 새로운 이름을 붙였다—은 파일럿이 급하게 노트를 작성하기에 적합했다. 이 헝가리의 발명가는 더 큰 시장을 개척하는 데 성공하지 못했다. 그러나 비크는 투명한 몸체로 바꾸어 사용자가 언제든지 남아 있는 잉크의 양을 확인할 수 있도록 해 큰 성공을 거두었다.

'비크'와 '볼타'는 일상생활에서 널리 사용하는 이름이 되었지만, 사람들은 대부분 이들 이름과 관련된 자세한 이야기는 알지 못한다. 권위 있는 영국의 일간지인 《가디언Guardian》은 1950년대 이후 10조 개의 빅펜이 생산되었다고 추정했다. 이 빅펜을 일렬로 늘어놓으면 지구와 달 사이를 32만 번 왕복할 수 있을 것이다. 지구에 살고 있는 모든 사람들이 적어도 한 번은 빅펜을 사용했다고 해도 과언이 아니다. 그러나 빅펜Bic pen의 이름에서 피드몬테 출신 발명가의 이름Bich에 포함되었던 h가 사라졌다는 것을 알고 있는 사람들은 많지 않다.

국제에너지국IEA은 세계 인구의 90%가 전기를 사용하고 있다고 추정했는데, 이는 적어도 70억의 인구가 전압이라고 부르는 전기 위치 에너지의 측정 단위인 볼트라는 말을 들어보았다는 것을 의미한다.

회로의 두 지점 사이에 전하—대부분의 경우에는 전자—가 이동하도록 만들어 전류를 발생시키는 것은 전기 위치 에너지의 차이이다. 회로에 연결되어 있는 전구, 라디오, 컴퓨터, 무선 전화, 착즙기 같은 전기 기구들을 작동시키는 것은 전류이다. 북아메리카의 주 송전선로에서는 전압을 50만 볼트로 높여서 송전한다. 전압을 높이면 좀 더 효율적으로 송전하는 것이 가능하지만, 가정에서는 220볼트로 낮춘 전기를 사용한다. 120볼트를 사용하는 북아메리카를 제외하고는 대부분의 나라에서 220볼트를 사용하고 있다. 우리가 자주 사용하는 AA 전지의 전압은 1.5볼트이고, 자동차 전지의 전압은 12볼트이다. 한마디로 말해 볼트는 누구나 사용하는 측정 단위이다. 그러나 비크의 경우와 마찬가지로 전기를 사용하고 있는 사람들의 대부분(이탈리아인들은 제외)은 전압의 크기를 나타내는 단위 볼트volt에는 볼타volta의 이름에 있던 글자 하나(즉 a)가 빠졌다는 사실을 모르고 있다.

볼트의 기원을 알고 있는지의 여부와는 관계없이 우리가 일상 생활에서 전기에 대해 이야기할 때 전압의 단위인 볼트는 전력량의 단위인 킬로와트시와 함께 가장 자주 사용하는 측정 단위이다. 우리는 안전과 관련해서 이야기할 때 볼트라는 단위를 주로 사용하고, 킬로와트시라는 단위는 경제적인 면을 이야기할 때 주로 사용한다. 즉 킬로와트시는 전기요금 고지서에 한 달 동안 사용한 전기량을 나타내는 단위이고, 볼트는 일반적인 대화에서 킬로그램, 미터, 그리고 초만큼 자주 사용되는 단위이다. 그러나 킬로그램, 미터, 초는 국제단위계의 기본적인 측정 단위에 속해 있지만, 전압의 단위인 볼트는 그렇지 않다.

## 에펠탑

볼테르Voltaire의 이름에서 마지막 글자들(즉 ire)을 긁어낸 덕분에 볼타Volta가 얻은 영예는 일화에 지나지 않지만, 71명의 유명한 프랑스 과학자들의 이름과 함께 에펠탑 2층 발코니에 이름이 새겨져 있는 앙드레 마리 앙페르André Marie Ampère의 영예는 훨씬 더 단단한 기반을 가지

고 있다.

1775년에 리옹에서 태어난 앙페르는 전자기학의 개척자 중 한 사람으로 그런 영예를 누릴 충분한 자격이 있다. 실험 물리학과 수학 모두에 뛰어난 재능을 가지고 있던 앙페르는 전자기학에 대한 이해에 크게 공헌했다. 그의 수학적 재능은 〈게임의 수학적 이론에 대한 고찰Considerations on the Mathematical Theory of Games〉이라는 초기 연구에 잘 나타나 있다. 이 연구에서 그는 확률에 기초를 두고 있는 게임에서 게임에 참여하는 사람은 물주에게 돈을 잃을 수밖에 없다는 것을 증명했다.

이름이 에펠탑의 철판에 새겨진 영예에 더해 앙페르의 발견은 그에게 측정 단위에 이름을 남기는 영예도 안겨 주었다. 그의 이름을 따라 명명된 암페어(기호는 *A*)는 국제단위계의 일곱 가지 기본 단위 중 하나이다. 전자기적 현상들은 전하나 전류와 밀접한 관계가 있다. 미시적인 차원에서 보면 물질은 거시적인 크기에서는 인식할 수 없는 전하라는 성질을 가지고 있다. 원자를 생각해 보자. 보어의 원자 모형에 의하면 원자는 중성자와 양성자로 이루어진 원자핵과 원자핵 주위를 돌고 있는 전자들로 이루어져 있다. 질량이 다른(양성자의 질량은 전자 질량의 약 1,836배) 양성자와 전자는 전하라는 다른 성질도 가지고 있다. 양성자는 양전하를 가지고 있고, 전자는 크기는 같지만 부호가 다른 음전하를 가지고 있다. 중성자는 전하를 가지고 있지 않다. 입자들이 가지고 있는 전하는 물질의 기본적인 성질을 결정한다. 같은 부호의 전하를 가지고 있는 입자들은 서로 밀어내고, 반대 부호의 전하를 가지고 있는 입자들은 서로 끌어당긴다. 원자는 같은 양의 음전하와 양전하를 가지고 있어서 원자로 이루어진 물체는 전기적으로 중성이기 때문에 거시적 차원에서는 이런 현상을 관찰하기가 쉽지 않다.

전하가 이동하면 전류가 발생한다. 플래시에 전지를 넣으면 전기 위치 에너지의 차이에 의해 전자가 이동을 시작하고, 전류가 구리 도선를 따라 전구로 흘러간다. 전구에 불을 켜는 것은 전류이다. 마찬가지로 냉장고를 작동하도록 하는 것도 도선을 따라 흐르는 전류이다. 전하와 전류는 전기장과 자기장을 만들어내기 때문에 물리학뿐만 아니라 기술적 응용에서도 매우 중요하다. 전기적 현상을 측정하는 기본 단위는 전류의 단위인 암페어이다. 과학자들은 이런 사실을 잘 알고 있지만 일반인들에게는 조금 생소한 이야기일 수도 있다.

가정용 전기의 전압은 220볼트(110볼트인 나라도 있음)이고, 스마트폰 충전기의 전압은 5볼트라는 것은 많은 사람들이 알고 있지만, 대부분의 가정용 전기 기구에는 수 암페어의 전류가 흐르고 스마트폰의 회로에는 10분의 1 암페어 정도의 전류가 흐르고 있다는 것을 아는 사람들은 드물 것이다. 그러나 전기 기구를 보호하고 때로는 우리의 생명을 구하기도 하는 누전 차단기(이탈리아에서는 누전 차단기를 '생명 지킴이'라는 뜻으로 살바비타salvavita라고 부름)는 전류를 측정해 작동한다. 머지않은 미래에 수백만 암페어의 전류가 지구 온난화를 완화하는 데 사용될 것이다.

## 과학적 방랑자

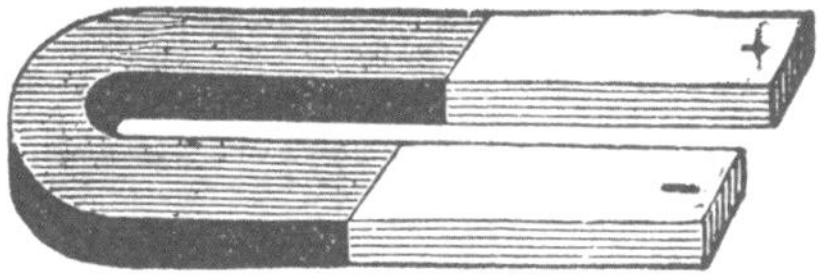

이야기 주제를 바꾸어 철을 잡아당기는 그리스에서 발견된 장소인 마그네시아Magnesia의 이름을 따서 마그넷magnet(자석)이라고 부르는 돌과 관련된 자연법칙에 대해 알아보기로 하자. 이 돌은 여러 개가 일렬로 매달려 고리를 만들었기 때문에 사람들은 매우 놀라워했다.

이 이야기는 티투스 루크레티우스 카루스Titus Lucretius Carus의 《사물의 본성에 대하여De rerum natura》 6권(마르틴 페루구손 스미스Martin Ferguson Smith 번역)에 실려 있는 내용이다. 기원전 1세기에 로마의 시인이며 철학자였던 루크레티우스는 어떻게 전자기학 현상이 구경거리가 될 수 있는지를 설명했다. 비슷한 이야기를 플리니Pliny the Elder의 《자연의 역사Naturalis Historia》에서도 발견할 수 있다. 전기와 자기가 고대 그리스인들에게 잘 알려져 있었다는 것은 여러 가지 문헌을 통해 확인할 수 있다. 플라톤은 기원전 360년경에 쓴《티마에오스Timaeus》에서 "그리고 이것은 모든 종류의 물의 흐름과 벼락, 그리고 호박과 자철석이 보여주는 신비스러운 '인력'에 대한 설명이다."라고 하였다. 이는 그가 자석을 알고 있었으며, 털옷으로 문지른 호박이 가벼운 물체를 끌어당긴다는 것도 알고 있었음을 보여준다. 그가 언급한 것은 전기력에 의한 현상으로, 오늘날에도 물리 시간에 학생들에게 실제로 실험해 보도록 하고 있다.

그러나 전자기 현상이 이해되고 이에 대한 이론이 정립된 것은 수천 년이 지난 후였다. 18세기와 19세기에 볼타, 앙페르, 외르스테드, 쿨롱, 패러데이, 맥스웰과 같은 과학자들이 전기와 자기를 연구하고, 전기장과 자기장의 성질과 상호작용을 나타내는 맥스웰의 네 가지 기본 방정식을 완성했다. 그들은 또한 전기 현상과 자기 현상의 원인이 전하와 전류라는 것도 알아냈다.

전자기학과 관련된 물리량의 측정 단위가 길이, 시간, 질량의 단위보다 늦게 확립된 것은 놀라운 일이 아니다. 과학자들은 19세기 후반에 전기의 측정 단위에 대해 논의하기 시작했다. 여러 가지 제안이 있었지만 쉽게 합의에 도달하지는 못했다. 이런 논의에서 가장 중요한 공헌을 한 사람은 1871년에 루카에서 태어난 지오바니 지오르기Giovanni Giorgi였다. 1901년에 지오르기는 이탈리아 전기기

술협회에 〈전자기의 합리적 단위Rational Units of Electromagnetism〉라는 제목의 보고서를 제출했다. 이 보고서에서 그는 미터, 초, 킬로그램에 전기적 현상과 관련된 측정 단위를 추가하여 측정 체계를 개선하자고 제안했다. 그의 제안에 많은 사람들이 환영했고, 가장 적합한 단위를 찾기 위한 어려운 작업이 시작되었다. 전자기학은 아직 젊은 과학이라는 것을 잊지 말자. 미터, 초, 킬로그램의 초기 정의가 수천 년 동안의 경험을 바탕으로 했던 것과는 달리, 전기와 자기 현상을 측정하는 단위의 선택은 전자기 현상을 이해는 것과 거의 동시에 이루어졌다. 1948년에 개최된 제9차 국제도량형총회에서 전류를 측정하는 단위를 기본 단위로 선택했다. 이것은 1960년에 결정된 국제단위계의 정의를 향한 중요한 발걸음이었다.

그러나 암페어의 정의를 실행에 옮기는 것은 어려운 일이었다. 본질적으로 암페어의 정의는 앙페르의 실험에 기초를 두고 있었고, 앙페르는 덴마크 물리학자 한스 크리스티안 외르스테드Hans Christian Ørsted에게서 영감을 받았다. 그러나 이와 관련된 이야기는 700년 전 중국의 바다 위에서 시작되었다.

## 전선, 나침반, 그리고 전류

만리장성을 쌓고 있던 기원전 2세기경에 중국인들은 비단 실에 매달아 놓은 자석이 항상 같은 방향을 가리킨다는 것을 알고 있었다. 이것은 나침반의 전신이었지만 당시에는 미래를 점치는 도구로만 사용되었다. 이것이 방향을 알아내거나 항해를 하는 데 필요한 도구로 사용된 것은 천 년 이상의 세월이 흐른 후였다.

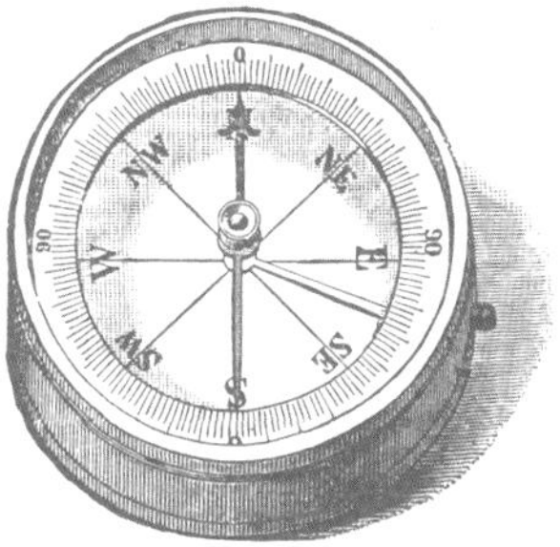

2000년대 초에 마시모 과르니에리Massimo Guarnieri는 《IEEE 산업전자학 잡지IEEE Industrial Electronic Magazine》에 쓴 논문에서 나침반이 처음에는 육지에서 군사용으로 사용되었고, 후에 해상 항해에 사용되었다고 주장했다. 이전에는 별에 의존해 항해했다. 유럽에서 나침반이 처음 언급된 것은 1190년에 출판된 알렉산더 네캄Alexander Neckam의 《물성론De naturis rerum》에서였다. 그러나 나침반이 중국에서 유래했는지 독자적으로 개발했는지는 아직도 확실하지 않다.

오늘날 우리는 자석으로 만든 나침반의 바늘이 지구 자기장의 영향으로 남북 방향으로 배열하려는 경향이 있다는 것을 알고 있다. 그러나 지구 자기장에 대해서는 잘 알고 있지만 지구 자기장이 만들어지는 원인에 대해서는 충분히 이해하지 못하고 있다. 아직도 지구 자기장의 원인을 설명하기 위한 많은 연구가 진행 중이다. 우리는 지구 자기장이 지구 핵을 이루고 있는 액체 상태의 금속 안에 흐르는 전류와 관련이 있다는 것은 알고 있지만, 이 전류가 유지되고 있는 메커니즘은 밝혀내지 못했다. 관심이 있다면 인터넷에서 캘리포니아대학 산타크루즈의 과학자들이 컴퓨터를 이용해 만든 사진을 찾아볼 수 있다. 이 사진은 지구 내부의 자기장을 나타내고 있는데, 거대한 사발에 담겨 있는 스파게티처럼 보인다.

전류가 자기장을 만들어내는 원인이라는 것을 알게 된 것은 한스 크리스티안 외르스테드 덕분이다. 전해지는 이야기에 의하면, 1820년에 그는 전기와 자기 현상에 관한 시범 강의를 하다가 전류가 흐르는 도선 부근에 놓아둔 나침반의 바늘이 움직이는 것을 발견했다고 한다. 발견이나 발명과 관련된 많은 이야기가 그렇듯이 이 이야기도 역사적으로 정확하지는 않다. 로베르트토 드 안드라드 마틴Roberto de Andrade Martins은 《누오바 볼티아나: 볼타와 그 시대에 대한 연구Nuova Voltiana: Studies on Volta and His Times》 3집에서 과학적 발견의 실상은 전해지는 이야기처럼 단순하지 않은 경우가 많다고 서술했다. 그럼에도 불구하고 그때까지는 전기와 자기가 전혀 관계가 없는 현상이라고 설명하고 있었기 때문에, 전류가 흐르자 나침반의 바늘이 움직이는 것을 관찰한 것은 놀라운 일이었다. 외르스테드는 이 경험을 통해 자기장을 만드는 것이 전류라는 것을 알아냈다.

외르스테드의 발견 소식은 빠르게 전 유럽에 전해졌다. 이 소식을 들은 앙페르는 외르스테드의 실험을 확인하고 발전시킨 더 중요한 실험을 했고, 이 현상을 설명하는 이론을 만들어냈다. 그 후 앙페르는 전류가 흐르는 도선 가까이에 있는 자석에 힘이 작용할 뿐만 아니라, 전류가 흐르는 다른 도선에도 힘이 작용한다는 것을 알아냈다. 이러한 발견들이 이 분야에 종사하는 소수의 전문가들에게만 소용이 있을 것이라고 생각하는 사람은 없을 것이다. 자기장이 전류가 흐르는 도선에 힘을 작용하는 현상은 세탁기에 사용되고 있는 전기 모터의 원리가 되고 있다. 세탁기 안에 위대한 과학적 발견이 숨겨져 있다는 것을 생각하면 더러운 옷이 담겨 있는 세탁물 보관함이 훨씬 새롭게 보일 것이다.

앙페르는 전류가 흐르는 두 도선 사이에 작용하는 힘의 크기를 도선 사이의 거리의 함수로 나타낼 수 있었고, 그의 발견은 2019년까지 전류를 측정하는 단위인 암페어를 정의하는 기초가 되었다. 하지만 이 정의는 불편하고 실용적이지 않았다. 이 정의에 의하면, 같은 크기의 전류가 흐르는 단면적이 무시할 정도로 작은 무한한 길이의 평행한 두 도선이 진공 속에서 1미터 떨어져 있을 때, 두 도선 사이에 작용하는 힘의 세기가 단위 길이당 $2 \times 10^{-7}$뉴턴이 되는 전류가 1암페어이다. 이 복잡한 정의로 인해 지레 겁을 먹을 필요는 없다. 이 정의를 자세하게 암기할 필요가 없기 때문이다. 이 복잡한 문장이 의미하는 것은 다음과 같다. 같은 크기의 전류가 흐르는 2개의 긴 도선이 1미터 떨어져 있을 때, 1미터당 작용하는 힘의 세기를 측정했을 경우 그 값이 미리 정해놓은 값($2 \times 10^{-7}$뉴턴)과 같으면 도선에 흐르는 전류가 1암페어라는 것이다.

미리 정해놓은 값은 앞서 이야기한 대로 1,000만분의 2 뉴턴이다. 첫 번째 어려움은 이 값과 관련된 것이다. 1,000만분의 2 뉴턴은 아주 작은 힘으로, 이 값이 얼마나 작은지를 알기 위해서는 몸무게가 70킬로그램인 사람에 작용하는 중력이 약 700뉴턴이라는 것과 비교해 보면 된다. 그리고 정의에 의하면 도선이 무한하게 길어야 한다. 암페어는 전기적인 양임에도 불구하고 힘이라는 역학적 용어로 정의되었다. 힘의 단위인 뉴턴은 기본적인 단위가 아니라 국제단위계의 질량 단위인 킬로그램으로부터 유도된 단위이다. 마지막으로 세브르에 보관되어 있는 킬로그램원기의 값이 오랫동안 일정하게 유지되지 않기 때문에 유도된 단위 역시 정확도에 한계가 있다. 한마디로 말하면 실용적으로나 이론적으로 2019년까지 적용된 암페어의 정의는 만족스러운 것이 아니었다. 이런 문제점들을 해결하기 위해 다시 한번 자연의 기본적인 상수들 중 하나인 기본 전하($e$)로 눈을 돌려야 했다.

이 장의 시작 부분에서 우리는 원자가 양성자, 중성자, 그리고 전자로 이루어져 있다는 이야기를 했다. 양성자와 전자가 가지고 있는 전하의 크기는 같지만, 양성자는 양전하를 가지고 있고 전자는 음전하를 가지고 있다. 양성자나 전자의 전하가 기본 전하이다. 자연에서 발견되는 모든 전하는 기본 전하의 정수배이다. 달걀이 가득 들어 있는 보관함을 생각해 보자. 달걀의 양이 얼마나 되는지에 관계없이 달걀의 양은 달걀 하나의 정수배로 나타낸다. 전하의 경우도 마찬가지이다. 플라스틱 빗으로 털 재킷을 문질러 보자. 고대의 호박처럼 빗이 대전되어 작은 종이 쪼가리를 끌어당길 것이다. 빗에 얼마나 많은 양의 전기가 대전되든지 대전된 전하의 크기는 기본 전하의 정수배이다.

기본 전하는 $e$라는 기호로 나타낸다. 우주 상수들 중 하나인 기본 전하의 값은 $e = 1.60217662 \times 10^{-19}$쿨롬(C)이다. 쿨롬은 전하를 측정하는 단위로, 국제단위계에서 쿨롬은 기본 단위가 아니라 유도 단위이다. 쿨롬은 1736년에 태어난 프랑스의 물리학자 샤를-오귀스탱 드 쿨롱Charles-Augustin de Coulomb의 이름을 기념하기 위해 붙인 이름으로, 그는 에펠탑에 이름을 남긴 72명의 과학자들 중 한 사람이다. 기본 전하는 쿨롬에 비해서 아주 작은 값이다. 1쿨롬이 되려면 600억을 두 번 곱한 만큼의 기본 전하가 있어야 한다. 즉 $1.60217662 \times 10^{-19}$의 역수인 $6.24150907446 \times 10^{18}$개의 기본 전하가 필요하다. 이 수를 $N$이라고 부르기로 하자.

앞에서 우리는 전류는 전하가 움직여 가는 것이라는 이야기를 했다. 좀 더 정확하게 말하면 전류는 1초 동안에 도선의 단면을 지나가는 전하량(쿨롱 단위로 측정)을 말한다. 2019년에 승인된 새로운 정의에 의하면, 1암페어는 1초 동안에 $N$개의 기본 전하가 지나가는 전류를 나타낸다. 따라서 1암페어 역시 도선, 질량과 같은 인위적인 것으로부터 자유롭게 되었고, 자연의 우주 상수인 기본 전하에 의해서 결정할 수 있게 되었다.

## 전기와 지속적인 발전

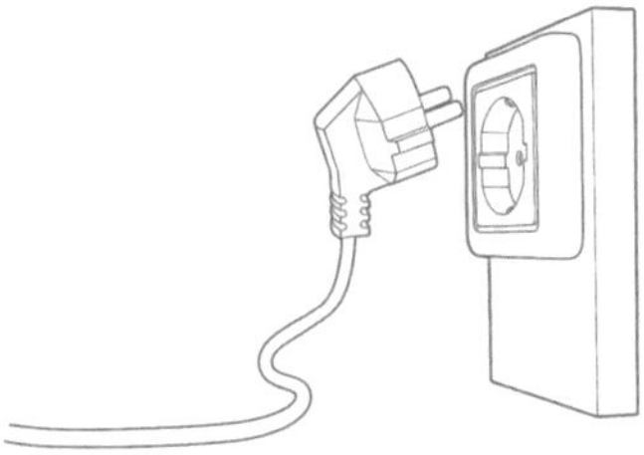

1985년 11월 20일에 두 사람이 폐회식에 나타났을 때 "개인적인 친분이 잘 나타났다. 서로에게 편안하고 친근함, 다정한 미소, 공통의 목적의식과 같은 모든 것을 두 사람에게서 발견할 수 있었다." 두 사람은 당시 소련의 서기장이었던 미하일 고르바초프Mikhail Gorbachev와 미국 대통령 로널드 레이건Ronald Reagan이었다. 두 사람은 최초로 두 강대국 간 정상회담을 가졌다. 두 사람의 표정을 기술한 사람은 미국의 국무장관이었던 조지 슐츠George Shultz였다. 두 지도자는 냉전이 고조되는 가운데 무기 경쟁, 특히 핵무기의 감축 가능성을 의논하기 위해 만났다. 제네바에서 열린 회담은 6년 만에 처음 열리는 미국과 소련의 정상회담이었다. 그동안 핵탄두의 수가 크게 증가했고, 미국과 소련의 전략적 관계와 함께 세계 안보가 '상호 완전한 파괴' 정책에 의존하고 있었다.

이 정책은 만약 두 나라 중 하나가 먼저 핵무기 공격을 하면 상대 역시 핵무기 공격을 할 것이고, 따라서 두 나라 모두 파괴된다는 것이었다.

핵무기 감축과 관련된 구체적인 조치에 대한 가시적인 성과는 없었지만, 제네바 정상회담은 소련과 미국의 관계 개선을 위한 전환점이 되었고, 현재까지 계속되고 있는 원자 무기 감축을 시작하는 계기가 되었다.(아직 사용 가능한 9,500기의 핵탄두가 남아 있어 완전히 안심할 수 있는 상황은 아니다.)

무기 경쟁과 관련된 주제 외에도 두 정상은 원자핵 에너지의 평화적인 이용에 대해서도 논의했다. 정상회담의 폐회식에서 발표한 공식적인 성명에 의하면, "두 정상은 평화적인 목적을 위해 통제된 열핵융합 이용을 위한 노력의 중요성을 인식하고, 인류를 위해서 무한정의 에너지를 공급할 수 있는 이 에너지원을 확보하기 위해 광범위한 실용적인 국제적인 협력의 필요성을 강조했다." 이 약속은 핵융합 연구를 위한 거대한 국제적인 프로젝트인 ITER의 시작으로 실현되었다. 1년 후에 유럽 연합, 일본, 소련, 미국이 프로그램을 위한 공동 설계에 합의했다. 2003년에 중국과 한국이 프로젝트에 서명했고, 2005년에는 인도가 가입했다. 고르바초프와 레이건의 합의에도 불구하고 ITER의 건설이 시작되기까지는 거의 20년이 걸렸다. ITER의 건설은 화석 연료를 대체할 탈탄소 전기 에너지 생산이 시급한 경제적 현안임을 잘 나타내고 있다.

오늘날 ITER의 건설은 프랑스 남부에 있는 아익센 프로방스 부근에서 진행 중이고, 2030년부터 첫 번째 중요한 결과가 나올 것으로 보인다. 10층 높이의 원자로인 ITER의 목표는 통제된 열핵융합 반응의 과학적·기술적 가능성을 보여주는 것이다. ITER은 원자로를 가동하는 데 필요한 에너지(5,000만 와트)보다 10배 많은 에너지(1억 와트)를 생산해야 한다. ITER은 또한 다음 과정, 즉 대규모로 전기를 생산할 수 있는 데모Demo라고 부르는 실험 원자로 건설을 위한 기초 작업을 하는 임무도 가지고 있다. 모든 것들이 계획대로 진행된다면 데모는 21세기 후반에 핵융합의 가능성을 보여주고, 이는 인류에게 환경 위기와 싸울 주요한 무기를 제공해 줄 것이다.

ITER은 도넛 형태의 핵융합로인 토카막 장치의 일종이다. 이 장치의 기본적인 작동 요소는 원자로 안에 들어 있는 이온화된 고온의 기체인 플라스마에 흐르는 전류와 자기장이다. 기본적으로 토카막 원자로에서는 핵융합 반응과 그에 따른 에너지 방출이 플라스마 안에서 일어난다. 플라스마는 태양 핵의 온도보다 약 10배나 높은 온도인 1억 5,000만 도까지 가열해야 하고, 성능에 크게 영향을 줄 수 있는 원자로 금속 벽과 상호작용 없이 원자로 안에 안정되고 정적인 상태로 유지해야 한다. 차폐는 압력 차이에 의한 힘과 전자기력이 상쇄되어 이루어진다. 이 상황은 자동차 타이어의 상황과 비슷하다. 타이어 내부의 공기는 외부 대기압의 두 배인 약 2기압 정도의 압력을 가지고 있다. 높은 압력의 기체를 타이어 내부에 가두어 두는 것은 탄력성이 큰 튜브이다. 튜브는 타이어 내부와 외부의 압력 차이에 의해 가해지는 팽창하려는 힘의 반대 방향으로 힘이 작용된다. 토카막 원자로의 플라스마의 경우도 이와 비슷하다. 원자로의 중심 부분에 있는 뜨거운 플라스마는 가장자리의 플라스마보다 압력이 높으며, 이러한 압력 차이로 인해 작용하는 힘에 대항하기 위해서는 반대 방향의 힘이 필요하다.

킬로그램을 다룬 부분에서 이미 이야기했던 것처럼, 뉴턴의 기본적인 법칙($\boldsymbol{F} = m\boldsymbol{a}$)에 의하면 물체와 환경 사이의 상호작용, 즉 힘 $\boldsymbol{F}$를 알면 가속도 $\boldsymbol{a}$를 계산할 수 있고, 따라서 물체의 운동을 알 수 있다. 이 방정식은 물체에 작용하는 힘의 합이 0이어서 가속도와 속도가 모두 0인 정적 평형의 경우에도 적용된다. 따라서 이 식은 압력의 차이로 인해 팽창하려는 힘의 반대 방향으로 작용하는 힘을 결정해야 하는 플라스마의 차폐 연구에도 적용될 수 있다. 이 힘은 자기장 안에서 플라스마 내부에 전류가 흐르도록 하여 얻을 수 있다. 이와 관련된 수식은 다음과 같다.

$$\nabla p = \vec{J} \times \vec{B}$$

좌변의 $\nabla p$는 플라스마에서 오는 힘을 나타내고, 이 힘은 플라스마 내부에 흐르는 전류 $\vec{J}$와 자기장 $\vec{B}$의 상호작용으로 인한 힘과 균형을 이룬다.

과학에서 종종 그렇듯이 방정식을 실제로 실현하기 위해서는 기술적으로 해결해야 할 일들이 많다. ITER의 경우도 예외가 아니다. 플라스마 안에 흐르는 전류의 세기는 1,500만 암페어나 된다. 이는 주방에서 사용하는 전기 오븐에 흐르는 전류의 100만 배이다. 이러한 전류를 생산하고, 필요한 자기장을 만들고, 플라스마를 담을 고도의 진공 용기를 만들고, 그리고 여러 가지 부속품을 만들기 위해서는 첨단 기술이 필요하다. 예를 들면 자기장은 초전도체 원리를 이용하여 만든다. 그리고 ITER을 건설하기 위해서는 에펠탑을 건설하는 데 필요한 만큼의 강철이 필요하다.

실용적인 핵융합 실험은 광범위한 국제적인 연구 노력에 의해 이루어지고 있다. 미국에서는 샌디에이고에 있는 제너럴 아토믹스에서 DIII-D 토카막, 프린스턴 플라스마 물리학 실험실에서는 NSTX, 컬럼비아대학의 플라스마 실험실에서는 HBT, 위스콘신대학 매디슨에서는 MST와 같은 중요한 실험 장비를 사용하고 있다. 그리고 MIT 플라스마 과학 및 핵융합 센터와 개인이 설립한 코먼웰스 핵융합 시스템CFS이 공동으로 SPARC 장비를 개발하고 있고, 다른 대학들과 연구소에서도 여러 가지 다른 장비를 이용하여 실험하고 있다.

이탈리아에서는 디버터 토카막 시험DTT 설비에서 새로운 실험이 이루어지고 있다. DTT는 프라스카티에 있는 이탈리아 국립 원자에너지국ENEA 실험실에서 개발하고, ENEA와 이탈리의 대학들, 연구센터, ENI, 그리고 이탈리아 국제 에너지 회사의 연구원들이 설계한 최신 기술을 이용하고 있다. 프라스카티, 파두아, 밀라노, 그리고 많은 다른 많은 연구센터의 실험실을 보유하고 있는 이탈리아는 핵융합 연구에서 선구적인 역할을 하고 있다.

DTT의 핵심 부분은 지름이 약 6미터인 강철로 만든 도넛 형태의 구조물이다. 핵심 부분(대형 토카막 장치에서 도달했던 가장 강한 자기장인 6테슬라의 자기장으로 둘러싸여 있음)의 내부에서 약 700만 ℃에 이르는 플라스마가 만들어진다. DTT의 주요 목표는 핵융합 원자로에서 방출되는 강한 에너지 흐름에 대한 연구를 혁신적으로 발전시키는 실험을 하는 것이다. 플라스마 에너지의 많은 부분이 디버터divertor라고 부르는 토카막의 가장자리 부분으로 전달된다. 최근 연구에 의하면, 디버터로 흘러간 에너지는 비교적 좁은 지역에 집중되어 단위 면적당 에너지 밀도가 태양 표면의 에너지 밀도와 같거나 심지어는 더 높아진다. DTT가 연구하고 있는 이 문제는 핵융합 기술의 발전을 위해서 꼭 해결해야 할 문제이다.

## 나머지 10퍼센트

소련의 물리학자로 핵융합 연구의 선구자였던 레흐 아치모비치 Lev Artsimovich에게 핵융합 에너지가 언제 실용화될 것으로 보느냐고 물었을 때, 그는 사회가 그것을 필요로 할 때 핵융합 기술이 완성될 것이라고 대답했다. 약간 도발적인 어조이기는 했지만 아치모비치의 대답에는 진리가 담겨 있다. 산업혁명에서 시작해서, 심지어는 제2차 세계대전 후의 경제적 호황기에 부유한 국가들은 에너지원이 무한할 것이라는 가정을 바탕으로 경제를 발전시켜 왔다. 그들은 점점 더 많은 화석 에너지의 사용이 환경에 가져올 결과를 감안하지 않았다. 이런 선택의 결과는 오늘날 극적인 기후 변화의 위기로 나타나고 있다. 그리고 지구의 화석 에너지는 무한하지 않다. 중동 지방에서 있었던 크고 작은 전쟁들은 그것을 잘 나타내고 있다.

(점점 높아지는 환경적 민감성으로 인한) 기후 변화의 위기로 인해 매일 극명하게 나타나는 문제들은 지속 가능한 새로운 에너지원의 개발이 시급함을 명확하게 보여주고 있다. 새로운 사회 모델에서는

핵융합, 그리고 일반적으로 지속 가능한 에너지원과 전지에 대한 연구와 투자가 중요한 역할을 할 것이다. 그리고 미래의 핵융합 원자로에서는 수소의 동위원소인 중수소와 삼중수소의 원자핵이 융합하는 핵융합 반응이 일어날 것이다. 한 병의 물에 포함되어 있는 중수소는 500리터의 디젤이 내는 에너지와 같은 양의 에너지를 발생시키는데, 이는 에너지 효율이 좋은 자동차가 1만 킬로미터를 달릴 수 있는 에너지이다.

그러나 에너지 문제에는 부유한 나라에 살고 있는 사람들이 간과하고 있는 에너지 빈곤이라는 전혀 다른 측면이 존재한다. 앞에서 세계 인구의 90%가 전기를 사용하고 있다는 이야기를 했다. 70억 명의 인구는 (플러그를 콘센트에 꼽는) 간단한 동작만으로 그들이 사용하는 전자제품, 무선 전화기, 자동차 배터리, 그리고 냉난방 장치에 전기를 공급할 수 있다. 병원 수술실과 인큐베이터, 음식물을 보관하는 냉장고, 물을 공급하는 펌프는 말할 필요도 없다. 우리가 당연하게 여기고 따라서 더 이상 신경조차 쓰지 않는 간단한 행동이 우리의 삶의 질을 크게 변화시켜 놓고 있다.

그러나 인구의 나머지 10%에 해당하는 사람들에 대해서도 잊으면 안 된다. 그들은 전기를 사용할 수 없는 7억 7,000만 명에 달하는 사람들이다. 그리고 28억 명이나 되는 사람들은 음식물을 만드는 데 필요한 충분한 도구를 가지고 있지 않다. 부유한 나라에 사는 사람들은 요리를 하고 싶으면 가스나 전기 오븐을 사용하면 된다. 그러나 수십억 명의 사람들은 나무나 동물의 배설물과 같은 유기물을 사용해야 한다. 이것은 그들의 건강에 심각한 결과를 가져올 수 있다. 연소가 대부분 환기가 잘 되지 않는 폐쇄된 공간에서 이루어지고 있어 미세먼지에 의한 오염을 동반하기 때문에 많은 시간을 집에서 보내는 여성과 어린이들의 건강을 크게 해치고 있다. 즉 이로 인해 매년 약 400만 명이 목숨을 잃고 있다.

물 공급 시설에도 전기는 필수적이다. 전기가 없으면 물을 끌어올리고, 정화하고, 공급하는 것이 가능하지 않다. 따라서 이 모든 것을 사람의 힘으로 해야 한다. 가난한 나라에서는 필요한 물을 길어오는 데 많은 시간을 소비한다. 이 일도 대부분 여성이나 어린이들이 담당한다. UNICEF의 연구에 의하면, 말라위의 여성들은 물을 길어 오기 위해 매일 평균 54분 동안 일을 하는 반면, 남성들은 6분 동안 일을 한다. 또한 전기가 없으면 냉장고를 사용할 수 없는데, 이는 의약품, 백신, 그리고 음식물을 제대로 보관할 수 없음을 의미한다. 이것은 비극적인 결과를 가져올 수 있다. 전기는 삶과 죽음을 바꿔놓을 수 있다.

이 책을 읽는 동안에도 많은 절망적인 사람들이 고무 보트를 타고 바다로 나가거나 여러 달 동안 거친 사막을 걸어가고 있다. 그러나 그들은 대부분 국경 검문소에서 입국을 거부당한다. 이러한 상황은 콘센트에 플러그를 꽂아 전기를 사용하는 단순한 행동이 운이 좋은 사람들과 불행한 사람들을 구분해 놓고 있다는 사실에 대해 생각해 보게 한다.

# 6 물질의 양을 재는 '몰'

∞ Mole

# 오렌지 껍질

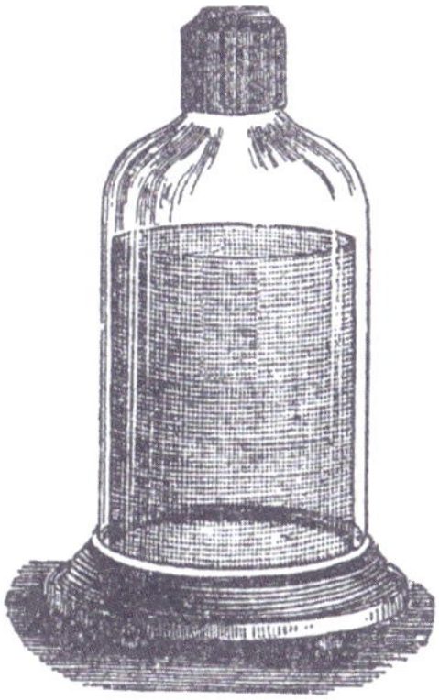

나는 화학 회사와 화학 실험실의 화학자였지만, 먹고 살기 위해 물건을 훔쳤다. 어린이 때부터 시작하지 않으면 훔치는 것을 배우는 것은 쉽지 않다. 나는 윤리적 명령을 억누르고 훔치는 데 필요한 기술을 익히는 데 여러 달이 걸렸다. … 《야성의 부름The Call of the Wild》(역자주: 미국 소설가 잭 런던이 1903년에 발표한 소설과 미국에서 2020년에 이 소설을 바탕으로 제작된 영화. '벅'은 이 영화에 나오는 애완견의 이름)에 나오는 벅처럼, 그리고 여우처럼 나에게 유리한 모든 기회를 이용하여 물건을 훔쳤다. 나는 내 동료의 빵을 제외한 모든 것을 훔쳤다. 훔칠 수 있는 물질의 가치 관점에서 보면 실험실은 탐험을 기다리고 있는 처녀지였다. 휘발유와 알코올은 공장 여기저기에서 발견할 수 있는 평범한 전리품이었다. 이것들에 대한 수요는 많았지만 액체라 담을 그릇이 필요했기 때문에 취급에 위험이 따르기도 했다. 모든 경험 많은 화학자가 알고 있는 것처럼 액체는 포장이 문제였다. 그러나 이 문제는 식물 껍질, 달걀 껍질, 여러 겹의 오렌지 껍질, 그리고 내 피부를 이용해서 해결했다. 따지고 보면 우리 몸도 액체이다. 그 당시에는 완벽하게 적합한 폴리에틸렌이 존재하지 않았다. 폴리에틸렌은 유연하고 가벼우며 절대로 스며들지 않지만, 썩지 않는다는 문제가 있다. 신은 고분자 화학의 달인이었지만 폴리에틸렌의 특허를 내지 않았다.

신 역시 썩지 않는 것을 좋아하지 않았던 모양이다.

이 이야기는 프리모 레비Primo Levi가 쓴《주기율표The Periodic Table》(레이먼드 로젠탈Raymond Rosenthal 번역)에서 발췌한 이야기이다. 이 책은 화학과 인생을 다룬 내용으로 영국 왕립연구소는 지금까지 저술된 과학 책들 중에서 가장 좋은 책이라고 평가했다. 1937년에 레비는 토리노대학에서 화학을 공부하기 시작했다. 화학은 물질이 만들어지는 과정, 물질의 구조, 물질의 성질, 물질의 변환, 그리고 물질이 반응하는 방법을 연구하는 과학이다. 화학은 우리 생활의 모든 곳에서 발견할 수 있다. 보는 것, 만지는 것, 듣는 것, 냄새 맡는 것, 맛을 보는 것과 같은 모든 감각 인식도 화학과 관련이 있다.

고등학교(리세오 고등학교) 졸업생이었던 레비는 화학에 매료되었다. 그는《주기율표》에서 또 다른 유명한 말을 했다.

> 나는 그 당시 내가 개발하고 있던 아이디어의 일부를 그에게 설명하려고 노력했다. 수세기 동안의 시행착오를 거친 인류의 숭고한 노력은 인류를 물질의 정복자로 만들었다. 나는 이러한 노력에 참여하기 원했기 때문에 화학과에 등록했다. 물질을 정복하는 것은 그것을 이해하는 것이며, 물질을 이해하는 것은 우주와 우리 자신을 이해하기 위해 필요하다. 따라서 그 주 동안에 이해하기 위해 힘들게 공부하고 있던 멘델레예프의 주기율표는 리세오 고등학교에서 외웠던 모든 시보다 격이 높고 장엄한 시였다.

불행하게도 과학을 계속 과소평가해 온 우리의 문화가 레비의 관찰을 충분히 이해할 수 없도록 만들고 있다. 사실 주기율표는 인간 사고의 장엄한 구조물이다. 주기율표의 기원은 유럽에서 화학이 시작되던 1700년에서 1800년 사이로 거슬러 올라간다. 연금술에서 출발했음에도 불구하고, 이 시기에 화학은 과거의 신비적인 환상에서 벗어나 과학적 실험 방법을 통해 현대 과학으로 거듭났다. 과학은 지속적으로 이전 세기에 얻은 지식의 목록을 만들고 체계화하는 작업을 한다. 초기 화학은 원자 물리학의 발전을 위한 주춧돌을 놓았다. 화학자들은 새로운 원소를 발견했으며, 그들의 성질을 알아냈고, 그 목록을 만들었다. 18세기 후반에 앙투안 라부아지에Antoine Lavoisier는 현재의 정의에 의해서도 대부분이 원소인 30개의 원소를 알고 있었다. 그러나 19세기 말에는 원소의 수가 70개로 늘어났고, 오늘날에는 118개이다. 이 중 92개는 자연에 존재하는 것이고, 나머지는 인공적으로 만든 것이다.

전환점을 만든 사람은 러시아의 화학자 드미트리 멘델레예프Dimitri Mendeleev였다. 그는 1869년에 간단하지만 체계적인 주기율표를 발표했다. 그의 방법은 간단하면서도 독창적이었는데, 그는 원소들을 원자량을 이용해 행과 열에 배열했다. 원소의 배열 방법은 후에 원자량 대신 원자번호, 즉 원자핵에 포함된 양성자의 수를 이용하는 것으로 개선되었다. 조각 그림을 맞추는 경우 처음에는 어지럽게 널려 있던 그림 조각들이 차츰 그림으로 나타나는 것처럼, 잘 배열된 원소들은 기대하지 못했던 원소들 사이의 관계를 드러냈고, 화학자들이 이와 관련된 연구를 계속하도록 자극했다.

멘델레예프는 표에 빈칸을 남겨두는 것을 두려워하지 않았다. 위대한 과학자들이 그랬던 것처럼 그는 의심과 무지를 부끄러워하지 않고 새로운 연구의 계기로 활용했다. 그는 빈칸에 들어갈 아직 발견되지 않은 원소가 있을 것이기 때문에 빈칸을 그대로 두어야 한다고 생각했다. 빈칸은 그 칸에 들어갈 원자량을 가진 원소가 발견될 것임을 의미했다. 원소들의 새로운 성질과 이들의 조합을 나타내는 그의 주기율표는 화학 발전에 크게 공헌했다. 오늘날의 원소 주기율표는 1909년에서부터 1913년 사이에 수행된 네덜란드의 아마추어 물리학자 안토니우스 반 덴 브록Antonius van den Broek의 연구 결과에 의해 원자번호 순서로 배열되어 있다.

다시 프리모 레비에게로 돌아가 보자. 유대인을 강제적으로 차별하는 조항이 포함된 이탈리아의 인종차별법에도 불구하고 그는 1941년에 학위를 받고 취업했고, 1942년에는 비밀리에 활동하던 행동당Action Party에 가입했다. 1943년 9월 이탈리아가 연합군과 정전협정에 서명한 후에는 이탈리아 북서부의 발 다소타에서 활동하던 조직에서 활동했다. 몇 달 후인 12월 13일에 부루손에서 파시스트들이 그가 레지스탕스에서 활동한 것은 모른 채 유대인이라는 이

유만으로 체포했다. 포솔리 수용소로 보내졌던 그는 다시 아우슈비츠 버켄나우 처형 캠프로 보내졌다.

레비의 화학 학위와 대학 교재를 읽기 위해 공부한 약간의 독일어 능력 덕분에 그는 유용한 포로가 되었고 생명을 건질 수 있었다. 《이것이 만약 사람이라면If This Is a Man》(스튜어트 울프Stuart Woolf 번역)에서 그는 "아무런 표정 없는 얼굴, 면도로 밀어버린 머리, 그리고 수치스러운 옷을 입고 나치 장교 앞에서 화학 시험을 보았다."고 회상했다. 그는 화학 작업반이라도 불렸던 전문가들로 이루어진 98 작업반에 배치되어 수용소에서 멀지 않은 곳에 있는 화학 공장에서 일했다. 그것은 그에게 무척이나 운이 좋은 일이었다. 이 장의 서두에서 이야기했던 것처럼 그곳에서 그는 훔칠 수 있는 많은 것들을 발견할 수 있었고, 그것들을 수용소의 암시장에서 음식물과 교환할 수 있었다. 레비는 1945년 1월에 수용소가 해방될 때까지 살아남을 수 있었다.

## 모플렌!

프리모 레비에게는 하나면 충분했다. 권위 있는 웹사이트 스타티스타Statista에 의하면 2021년에 전 세계적으로 5,830억 개의 플라스틱 병이 생산되었다. 이것은 매달

490억 개, 매일 16억 개, 매시간 6,700만 개, 그리고 매분 100만 개의 플라스틱 병이 생산되었음을 의한다. 생산되는 플라스틱 병을 1열로 쌓아놓으면 1분 동안에 국제우주정거장 높이에 도달할 것이다.

다른 목적으로 생산된 플라스틱을 합한다면 인류가 생산한 플라스틱의 양은 어마어마하다. 1950년대부터 현재까지 생산된 플라스틱의 양은 850억 톤이나 된다. 이 플라스틱의 대부분이 아직도 우리 주위에 있다. 역사상 처음으로 인류는 미생물이 분해하지 않아 우리보다 훨씬 더 오래 지구상에 남아 있을 수 있는 물질을 대규모로 생산했다. 한 가지 희망은 생산된 플라스틱을 재활용하는 것이다. 최근에 재활용이 시작되었지만 아직은 소량의 플라스틱만이 재활용되고 있다.

제2차 세계대전 이후 대량으로 생산된 850억 톤의 플라스틱 중 60억 톤 이상이 바다와 육지에 흩어져 지구를 오염시키고 있다. 《내셔널 지오그래피》가 보도한 것처럼 해양에는 5,250조 개의 플라스틱 잔해물이 포함되어 있다. 이들 대부분은 물 위에 떠 있는 것이 아니라 바닥에 가라앉아 심해 환경을 파괴하고 있다. 레비는 1975년에 《주기율표》를 쓸 때 이미 이런 문제점을 짐작하고 있었지만, 우리는 이제야 이 문제의 심각성을 인식하기 시작했다.

그 당시는 세계가 모두 플라스틱과 사랑에 빠져 있었다. 가볍고, 부식하지 않으며, 여러 가지 색깔을 가지고 있고, 오래 가는 플라스틱은 현대화와 경제적 호황의 상징처럼 여겨졌다. 화학 산업은 이 새로운 물질의 개발에서 중요한 역할을 했다. 길리오 나타Giulio Natta는 이소택틱 폴리프로필렌isotactic polypropylene을 발명하고 1953년에 노벨상을 수상했다. 이소택틱 폴리프로필렌이라는 이름은 흰 가운을 입은 실험실 과학자를 연상시킨다. 이 물질이 상업용 명칭인 모플렌Moplen이라는 이름으로 불리게 되면서 사람들에게 친근하게 다가갈 수 있었다. 이탈리아의 상업 광고에 등장한 희극 배우 지노 브라미에리Gino Bramieri는 치아를 다 드러내 놓고 "모플렌!"이라고 외쳤다. 1960년대에 매일 오후 8시 45분경에 방영된 10분 동안의 상업 광고 쇼인 〈카로셀로Carosello〉에 플라스틱은 정기적으로 등장했다.

플라스틱 물통, 여과기, 커피 컵, 장난감 자동차들에 둘러싸여 미소를 짓고 있던 브라미에리는 "모—모—모플렌!"이라고 노래하듯이 말했다. 그렇다! 모플렌은 1960년대의 경제 호황기 동안 우리 가정을 혁명적으로 바꾸어 놓은 이소택틱 폴리프로필렌을 팔기 위해 이탈리아의 광고 〈미친 사람들Mad men〉이 만들어낸 유쾌하고 편안하게 들을 수 있는 이 물질의 별명이었다.

플라스틱 중 가장 널리 사용되고 있는 가벼우면서도 물이 스며들지 않는 폴리에틸렌은 수용소에 있던 프리모 레비에게 가장 유용한 물질이었다. 특히 흔히 PET라고 불리는 폴리에틸렌 테레프탈레이트polyethylene terephthalate는 병을 포함한 음식물 포장용으로 널리 사용되는 플라스틱이다. 그러나 레비가 이 물질의 특성을 "약간 지나치게 부패하지 않는다."라고 조심스럽게 그러나 긍정적으로 평가한 것은 역설적이다. 자연에서 이 물질이 분해되는 데는 수백 년이 걸린다.

## 나쁜, 그리고 정당하지 않은 평가

'원자핵'이나 '플라스틱'이라는 말에서 우리는 공포감을 느낀다. 원자핵과 플라스틱을 악마로 만들면 기분이 조금 좋아질 수 있겠지만, 그것으로 복잡한 문제를 해결할 수는 없다. 예를 들어 원자핵 의약품은 현대 의학이 개발한 꼭 필요한 의약품이고, 원자핵 에너지는 필연적으로 탄소를 배출하지 않는 지속 가능한 에너지원이 될 것이다. 마찬가지로 다양한 플라스틱 제품들이 우리 생활의 질을 크게 높여 놓았다. 병원에서 플라스틱 제품들이 어떻게 사용되는지를 생각해 보자. 주사기, 정맥 주사용 약물을 담는 주머니, 장기에 삽입하는 관인 카테터, 외과용 메스 등 그 종류가 수없이 많으며, 이것들은 위생 상태와 치료 효과를 크게 증진시켰다. 음식물과 약품의 멸균 보관을 위해 사용하고 있는 플라스틱에 대해서도 생각해 보자. 이 외에도 자전

거 타는 사람들을 위한 헬멧, 자동차에서 사용하는 유아용 안전 의자, 에어백도 플라스틱으로 만들고 있다. 자동차를 비롯한 수송 수단의 무게를 경량화함으로써 연료 사용을 줄여 결과적으로 이산화탄소 배출을 감소시키는 것도 플라스틱이다.

문제는 플라스틱이 아니라 "한 번 쓰고 버리는" 우리의 문화이다. 이는 잘 썩거나 분해되지 않는 성질과는 어울리지 않는 사실이다. 문제는 플라스틱에 있는 것이 아니라, 슈퍼마켓에서 미리 껍질을 벗긴 오렌지를 비닐에 싸서 팔거나 한번 사용하고 버릴 수많은 물병을 생산하는 것이고, 그리고 플라스틱 용기를 재사용하지 않는 것에 있다.

책임은 우리 모두에게 있다. 특히 부유한 나라에 살고 있는 사람들에게 있다. 매일 인간의 행동은 지구와 환경에 충격을 주고 있다. 일부 행동은 유용하지만, 어떤 것들은 그렇지 않다. 책임 있는 개인과 집단의 용기 있는 행동, 그리고 과학만이 우리 자신을 구할 수 있을 것이다.

과학, 특히 화학은 더 깨끗하고 더 오래 지속될 수 있는 세상을 만드는 데 크게 공헌할 수 있다. 우선 과학 교육과 대중화를 통해서 그런 공헌을 할 수 있다. 소문이나 도시 괴담과는 다른 더 많은 믿을 수 있는 정보가 제공되면 책임 있는 행동과 지속 가능한 공공 정책, 그리고 실천이 가능해지고, 따라서 문제점과 가능한 해결책에 대해 더 많은 사람들이 관심을 갖게 될 것이다. 그런 다음에는 자연스럽게 과학자들의 연구가 다음 역할을 넘겨받을 것이다.

아는 것은 중요하다. 메테인methane(=메탄)의 연소에서 일어나는 화학 반응식을 예로 들어보자.

$$CH_4 + 2O_2 \rightarrow CO_2 + 2H_2O$$

조금 복잡해 보이기는 해도 이 식에는 많은 정보가 포함되어 있다. 연소는 연료가 산소와 반응하는 산화 반응이다. 산화 반응이 일어나고 있는 동안 산화되는 물질은 산화시키는 물질에 전자를 빼앗긴다. 연소의 경우에는 산화시키는 물질은 주로 산소지만, 연료는 기체, 액체, 또는 고체일 수 있고, 자연물이거나 인공물일 수 있다. 연소 과정에서는 연료에 저장되어 있던 화학 에너지가 열에너지(불꽃과 관련된 열)나 전자기파 복사선(빛)의 에너지로 전환된다.

좀 더 자세하게 이야기하면 위 식은 메테인($CH_4$)이 1개의 탄소 원자(C)와 4개의 수소 원자(H)로 이루어져 있으며, 메테인의 연소에는 산소($O_2$)가 필요하다는 것을 나타내고 있다. 불이 붙어 있는 양초를 컵으로 덮어 내부에 있는 산소가 모두 소모되면 촛불이 꺼지는 실험을 해본 기억이 있을 것이다. 산소가 충분하지 않은 환경에서 연소가 일어나면 독성이 있어 위험한 일산화탄소(CO)가 생성될 수 있다.

마지막으로 이 식이 나타내는 것은 메테인이 연소하면 이산화탄소($CO_2$)와 물($H_2O$)이 생성된다는 것이다. 여기에 문제가 있다. 메테인은 화석 연료이다. 따라서 석탄, 천연가스, 석유와 마찬가지로 탄소를 포함하고 있다. 화석 연료에서 화석fossil이라는 말은 파낸다는 뜻의 라틴어 명사 *fossilis*에서 유래했고, 이는 다시 파낸다는 의미의 동사 *fodere*에 기원을 두고 있다. 화석은 일반적으로 과거 지구상에 살았던 동물이나 식물이 지각에 묻혀 변형된 것을 뜻한다. 현재 우리가 사용하는 연료는 수억 년 전에 살았던 식물과 동물의 잔해이다. 이들이 죽어 암석, 진흙, 모래 속에 묻히고, 많은 경우 그 위에 물이 덮이게 되며, 수백만 년이 지나는 동안 분해되어 화석 연료가 된다. 석유와 천연가스는 조류나 플랑크톤과 같이 물속에 살던 생명체에 기원을 두고 있다.

생명체에 기원을 둔 모든 화석 연료가 연소될 때 발생하는 이산화탄소는 온실 효과를 유발한다. 몇 가지 기호를 이용하여 나타낸 간단한 식이 우리가 시급하게 바꾸지 않으면 안 될 많은 것들을 이야기해 주고 있다. 그것이 무엇인지는 모두 잘 알고 있다. 지구는 우리의 잘못에도 불구하고 살아남을 것이다. 체르노빌 부근에 우거진 숲이 이것을 잘 보여주고 있다. 사라질 위험에 처하게 되는 것은 지구가 아니라 우리 자신이다.

이 장의 시작 부분에서 이야기했던 것처럼, 화학은 우리를 둘러싸고 있는 세상의 일부분인 지구의 자원을 우리의 건강한 삶을 위해 잘 활용할 수 있도록 도와주고 있다. 화학자들은 우리가 매일 사용하는 전자제품에서 약품에 이르기까지 다양한 물질을 설계한다. 화학은 또한 우리가 사는 세상의 전체적인 지속 가능성을 증가시키고, 지구에 살고 있는 사람들의 요구를 만족시키는 데 중요한 역할을 하고 있다. 특히 미래 세대와 함께 가난한 지역에 살고 있는 사람들의 필요를 만족시키고 있다.

녹색 화학 또는 지속 가능성을 다루는 과학은 지구를 깨끗하게 만들 뿐만 아니라 오염을 피할 수 있도록 도와준다. 과학은 또한 우리를 둘러싸고 있는 환경을 이해하고 감시하며 보호하고 향상시키는 것을 도와줄 수 있다. 환경을 관찰하고 측정하며 대기와 물의 오염을 줄이는 장비와 기술의 개발을 통해 이러한 일들이 가능하다. 오염물질에 대한 자세한 이해는 이들이 건강에 주는 영향을 이해하고—예를 들면 대기의 오염과 건강 문제 사이의 관계—이들의 감소를 위한 기술을 개발하기 위해 꼭 필요하다. 정확한 측정은 공기의 질을 향상하기 위한 정책적 조치의 준수 여부를 확인할 수 있도록 한다. 과학은 깨끗한 연료의 개발과 엔진 성능의 향상, 그리고 배터리나 수소 자동차를 위한 연료 전지와 같은 자동차를 위한 새로운 기술을 발명하여 배기가스를 줄이는 것을 가능하게 할 수 있다. 그리고 휘발유 엔진에서 흡입장치, 미세먼지 집진장치, 이산화탄소나 연소되지 않은 탄화수소, 산화질소와 오염물질을 줄이는 3방향 촉매 전환기와 같은 자동차 배기가스의 오염을 줄이기 위한 장비를 개선할 수 있다. 또한 옷이나 건물도 산소와 빛만을 사용하는 광촉매 과정을 통해 공기를 정화할 수 있게 될 것이다.

## 사후의 명성

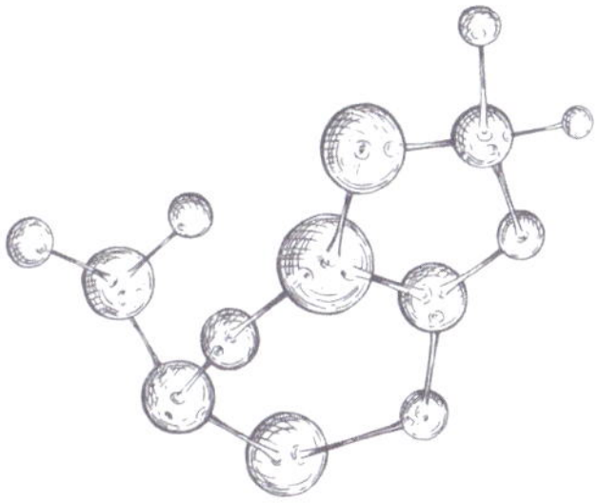

에펠탑에 이름이 새겨진 전설적인 72명의 과학자 중에서 잘못하면 그 중에 포함되지 못할 뻔했던 사람이 한 명 있다. 그는 귀스타브 코리올리Gustave Coriolis이다. 그는 '코리올리 효과'라고 알려진 중요한 물리 현상에 자신의 이름을 남겼다. 코리올리 효과는 지구와 같이 회전하는 기준계에서 운동하고 있는 물체에서 관찰할 수 있는데, 예를 들어 여름철에 주로 나타나는 태풍은 코리올리 효과로 인해 나타나는 가장 대표적인 현상이다. 탄도학에서도 코리올리 효과는 매우 중요하다. 코리올리 힘은 지구가 자전하지 않으면 나타나지 않는다.

예수회 회원이며 프톨레마이오스 천문학자였던 조반니 바티스타 리치올리Giovanni Battista Riccioli도 이 힘의 존재를 알고 있었다. 그러나 그는 이 힘을 측정할 측정 장치를 가지고 있지 않았고, 지구가 우주 중심에 정지해 있다고 생각했던 프톨레마이오스의 천문학을 받아들였기 때문에 이 힘과 관련된 이론이 잘못된 것이라고 결론지었다. 따라서 그는 코리올리 효과 발견자의 영예를 150년 후에 활동했던 코리올리에게 넘겨주었다. 최초로 달 지도를 작성했던 그는 소행성과 알려지지 않은 달 크레이터에 자신의 이름을 남기는 것으로 만족해야 했다.

올바른 이론을 제안했지만 동시대 사람들로부터 인정받지 못했던 또 다른 과학자 중 한 사람은 이탈리아의 과학자이며 콰레냐와 체레토Quaregna and Cerreto의 백작이었던 아메데오 아보가드로 Tonino Lorenzo Romano Amedeo Carlo Avogadro이다. 친구들이나 동료 과학자, 그리고 학생들은 그를 아메데오라고 불렀다. 1776년에 토리노에서 태어난 그는 법률, 그중에서도 교회법을 공부했다. 그러나 법률이 자신의 적성에 맞지 않는다고 생각한 그는 과학을 공부하기로 마음먹고 화학으로 전공을 바꾼 후 빠르게 연구 업적을 쌓아 현대 화학을 떠받치는 기둥이 되었다. 특히 그는 오늘날 그의 이름으로 불리는 법칙(아보가드로의 법칙)의 기초를 닦았는데, 이 법칙에 의하면 같은 온도와 같은 압력에서는 기체의 종류와 관계없이 같은 부피 안에는 같은 수의 분자가 포함되어 있다는 것이다. 몇 년 후에 앞에서 자세하게 이야기했던 앙드레 마리 앙페르André-Marie Ampere도 같은 것을 발견했다.

아보가드로는 그의 저서에서 '원소 분자'와 '화합물 분자'를 구분하고 화합물 분자는 분열 가능성이 있다고 주장했다. 마르코 시아디Marco Ciardi가 그의 책《원소의 비밀Il segreto degli elementi》에서 이야기했듯이, 당시 사람들은 아보가드로의 원소 분자는 실제로 존재하는 것이 아니라 수학적으로만 존재하는 추상적인 입자라고 생각했다. 아보가드로의 제안이 다른 방법으로는 설명할 수 없었던 실험 결과들을 모순 없이 설명할 수 있었음에도 불구하고 당시로서는 매우 혁신적인 생각이었으므로 과학계에서 받아들여지지 않았다.

아보가드로가 세상을 떠나고 4년이 지난 1860년이 되어서야 또 다른 이탈리아 화학자 스타니슬라오 칸니차로Stanislao Cannizzaro의 노력 덕분에 그의 이론이 인정받게 된다. 이로 인해 수십 년 만에 '원소 분자'나 '화합물 분자'가 오늘날과 같이 '원자'와 '분자'라고 불리게 되었다. 아보가드로가 생전에 충분히 받지 못했던 영예는 화학에서 가장 중요한 우주 상수에 그의 이름을 남기는 것으로 보상받게 된다. 아보가드로의 수는 국제단위계의 일곱 가지 기본 단위 중 하나인 몰을 새롭게 정의할 수 있도록 했다.

## 백만장자가 되고 싶은가?

엄청나게 큰 숫자는 그 크기를 짐작하기 어려울 뿐만 아니라 실용적이지도 않다. 수십 명의 사람들, 수십 마리의 양들, 수백 권의 책들은 쉽게 그 크기를 가늠할 수 있지만, 숫자가 커지면 그 숫자의 크기를 가늠하기가 어려워진다. 백만장자나 억만장자의 정의를 예로 들어보자. 모든 사람들은 백만장자보다는 억만장자가 되고 싶어 할 것이다. 억만이 백만보다 큰 수이기 때문이다. 그렇다면 억만장자는 백만장자보다 얼마나 더 부자일까? 억만장자와 백만장자 사이에는 정말 그렇게 큰 차이가 있는 것일까? 이것은 직관적으로 대답하기 어려운 문제이다. 평범한 사람들 대부분은 백만장자나 억만장자가 된다는 것이 어떤 것인지 경험해 본 적이 없기 때문이다.

보스턴 컨설팅 회사의 분석에 의하면, 이탈리아에는 전체 성인 인구의 약 1%에 해당하는 40만 명이 1억 달러 이상의 투자 가능한 자산을 가지고 있다고 한다. 그렇게 많지 않은 숫자이다. 그러나 100만이나 10억을 우리가 좀더 직접 경험할 수 있는 시간과 같은 것으로 바꾸어 놓으면 사정이 달라진다. 100만 초는 약 11.5일에 해당한다. 그러나 10억 초는 32년에 해당한다. 이 차이는 크리스마스

휴가와 인생의 반의 차이와 같다. 이렇게 비교하면 백만장자와 억만장자의 차이를 쉽게 실감할 수 있을 것이다.

큰 숫자는 종종 실용적이지 않다. 인쇄소가 1만 장의 팸플릿을 인쇄한다고 가정해 보자. 인쇄업자는 먼저 창고에 있는 종이의 재고를 확인할 것이다. 종이를 한 장씩 세는 것은 효율적이지 않다. 종이는 한 장씩이 아니라 500장을 한 연으로 묶어서 연 단위로 세는 것이 훨씬 편리하다. 선반에 있는 20연의 종이를 세는 것은 눈 깜짝할 사이에 가능하며, 따라서 손쉽게 재고를 파악할 수 있다. 종이의 재고가 부족하면 인쇄업자는 종이를 주문하면 된다. 과일의 경우에도 마찬가지이다. 우리는 수박을 한 개씩 세서 사지만, 체리는 그렇게 하지 않고 대신 무게를 달아서 사고판다. 누구도 100개의 체리를 사려고 하지 않는다. 우리는 아주 큰 수와 아주 작은 수를 좋아하지 않는다. 100개의 체리보다는 1킬로그램의 체리가 더 다루기 쉽다. 우리는 1킬로그램의 체리가 손님 6명의 후식으로 적당하지만 2명의 간식으로는 너무 많다는 것을 금방 알 수 있다.

물리학자나 화학자들처럼 미시적인 세상을 연구하거나 물질의 하부 구조를 연구하는 경우에도 비슷하다. 물을 예로 들어보자. 분자식으로 나타내면 물은 $H_2O$이다. 다시 말해 물 분자는 2개의 수소 원자와 1개의 산소 원자로 이루어져 있다. 물을 만들기 위해서는 수소와 산소가 다음 식이 나타내는 것과 같은 올바른 비율로 반응해야 한다.

$$2H_2 + O_2 \rightarrow 2H_2O$$

이 식이 의미하는 것을 일반 언어로 번역하면 다음과 같다. 수소 두 분자가 산소 분자 하나와 결합하여 물 분자 2개를 생성한다. 이 비율을 잘 생각해 보자. 산소 분자는 2개의 산소 원자로 이루어져 있지만, 물 분자에는 산소 원자가 하나만 들어 있다. 이제 산소와 수소를 이용하여 물을 만든다고 생각해 보자. 탈리아텔레 파스타를 만들려면 100그램의 밀가루에 달걀 하나가 필요하다. 밀가루의 무게와 달걀의 수를 세는 것은 어렵지 않다. 그러나 원자나 분자의 수는 어떻게 세어야 할까? 이들은 미시적인 물체여서—수소 원자의 크기는 10억분의 1미터보다 작다—눈에 보이지 않는다. 따라서 이들을 직접 세는 것은 불가능하며, 따라서 이 숫자를 좀 더 다루기 쉬운 숫자로 바꿔야 한다. 몰이라는 단위가 필요한 것은 이 때문이다.

미시적인 입자(원자나 분자)의 수를 셀 때는 물질의 양을 나타내는 물리량을 사용한다. 물질의 양은 국제단위계의 바탕이 되는 일곱 가지 기본적인 물리 상수 중 하나이다. 화학에서 중요하게 다루는 물질의 양은 물질 안에 포함되어 있는 원자나 분자의 수를 나타낸다. 예를 들면 1리터의 물 안에 포함되어 있는 물 분자의 수를 나타낸다. 이 물리량의 측정 단위는 몰이고, 몰이라는 단위는 아보가드로와 밀접한 관계가 있다. 종이의 한 연이 정확히 500장을 나타내는 것처럼, 1몰은 일정한 물질 안에 포함되어 있는 입자들의 수를 나타낸다. 큰 숫자를 받아들일 준비가 되었는가? 정말로 큰 숫자를! 602,214,076,000,000,000,000,000과 같이 큰 숫자를!

이 아주 큰 숫자는 화학에서 아주 중요하다. 아보가드로가 현대 화학 발전에 기여한 공로를 인정해 '아보가드로 수'라고 불리는 이 수는 보편 상수이다. 아보가드로 수는 열띤 과학적 토론을 통해 그 모습을 드러냈으며, 2019년에 국제단위 체계의 혁신으로 몰의 새로운 정의를 위한 기본 상수로 정해지기까지 정밀한 측정 방법이 계속 발전해 왔다. 물질의 양을 아보가드로 수를 바탕으로 새롭게 정의하기 전까지는 킬로그램을 바탕으로 하여 훨씬 더 복잡한 방법으로 몰을 정의했다.

1몰의 물질은 무게의 관점에서 보면 거시적인 양이어서 훨씬 더 다루기 쉽다. 산소 1몰은 16그램이고, 수소 1몰은 2그램이며, 물 1몰은 18그램이다. 이 숫자들은 소수점 아래 0을 16개 써야 하는 수소 원자 하나의 질량에 비하면 훨씬 다루기 쉽다. 따라서 몰은 눈에 보이는 않는 미시 세계를 우리가 살아가고 있는 거시 세계와 연결해 주고 있다. 인쇄공들이 종이를 연 단위로 세는 것과 같이 화학자들은 물질의 양을 몰 단위를 이용하여 나타낸다. 몰이라는 단위 덕분에 물질의 양을 쉽게 그램이나 킬로그램 같은 질량으로 환산할 수 있다. 아보가드로 수는 엄청나게 큰 수의 원자나 분자를 좀 더 익숙한 물질의 양으로 연결해 주는 교량 역할을 하는 환산 계수라고 할 수 있다.

## 다른 길을 보지 않는 사람들

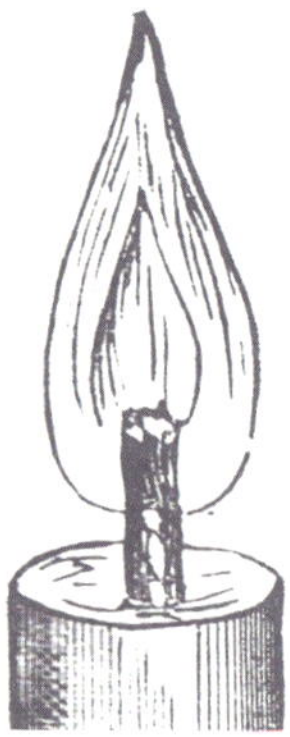

1943년 11월 9일 파두아대학은 설립 722번째 해를 맞이하고 있었다. 이때 이탈리아는 근대 역사에서 가장 어두운 시기였는데, 몇 달 전인 9월 8일에 이탈리아가 연합국과 정전을 선언한 후 독일이 아부르조에 감금되어 있던 무솔리니를 구출하고 파시스트 정권인 이탈리아 사회공화국•의 수립을 선포한 것이다. 이탈리아 사회공화국이 수립되기 직전에 저명한 라틴학자이며 이탈리아 공산당 당원이었고 반파시스트 운동가였던 콘세토 마르케시Concetto Marchesi가 파두아대

• 무솔리니가 이끌던 이탈리아 파시스트 정권이 1943년 연합군과의 전쟁에서 패배를 거듭하자 이탈리아 국왕 에마누엘레 3세는 무솔리니를 축출하여 감금하고 피에트로 바돌리오를 새로운 총리로 임명했다. 바돌리오 정권이 연합국과 휴전 협정을 체결하자 독일이 무솔리니를 구출하여 독일로 데려갔다가 다시 이탈리아로 보내, 1943년 9월 23일 무솔리니를 중심으로 한 독일 파시스트 정권의 괴뢰 정부인 이탈리아 사회공화국을 수립했다(역자주).

학의 총장으로 지명되었다. 무솔리니가 해임된 후 총리가 된 피에트로 바돌리오Pietro Badoglio의 지명을 받은 마르케시는 파시스트 정권에 의해 선택되었던 전임자의 자리를 이어받았다. 그의 의지는 매우 명확했다. 그의 생각은 9월 10일에 《일 메사제로Il Messaggero》 신문과 했던 인터뷰에 잘 나타나 있다. 그 인터뷰는 다음과 같은 말로 끝을 맺었다.

> (이) 새로운 생활은 이탈리아 대학에서 곧바로 뛰어들어야 합니다. … 나의 목적은 대학에서 연구 활동을 통해 자유스러운 지적 훈련을 증진시키는 것입니다. … 그곳에서는 자유가 무엇인지, 받아들이거나 거부되어야 할 경제적·정치적 신념이 무엇인지, 그리고 국가와 국민, 노동자의 이익이 무엇인지에 대하여 토론하고 경험하는 것이 가능해야 합니다. 이것은 이탈리아 대학에 널리 퍼져야 할 새로운 공기이며, 대학의 젊은 사람들이 당연하게 받아들여야 할 새로운 호흡입니다.

그러나 곧 상황이 더 나빠졌다. 북부 이탈리아가 가르다 호반에 있는 살로 마을에서 새롭게 수립된 무솔리니를 전면에 내세운 이탈리아 사회공화국에 의해 점령당했다. 살로 공화국이라고도 불렸던 이탈리아 사회공화국은 독일의 괴뢰 정권이었다. 일부 사회공화국의 부처가 살로로 이전했다. 마르케시는 총장직을 사임했지만 이탈리아 사회공화국은 이를 받아들이지 않았다. 이로 인해 운명의 소용돌이 속에서 북부 이탈리아에서 가장 위대한 대학 중 하나가 공산주의자를 총장으로 맞이하게 되었다. 9월 9일에 있었던 총장 취임식은 정권에 대항하는 명백한 정치적 행동이었다. 신문에 보도된 내용에 따르면, 일단의 파시즘 공화국 유니폼을 입은 학생들이 강당에 난입해 취임식에서 무솔리니와 이탈리아 사회공화국에 대한 충성을 맹세하도록 강요했다. 마르케시가 직접 나서서 취임식장에서 이들을 내쫓은 다음 역사에 남을 연설을 했다. 마르케시는 다음과 같은 말로 연설을 시작했다.

위대한 슬픔이나 위대한 희망과 같이 새롭거나 특별한 것이 있습니다. 이것에 우리는 함께 귀를 기울여야 합니다. 이것은 빠르게 사라져 버리는 사람의 말이 아니라, 이 영광스러운 대학에 수 세기 동안 전해져 온 오래된 이야기입니다. 이것은 교사와 학생들에게 자신의 역할을 다하라고 요구하고 있습니다. 그리고 멀리 있거나 실종된 교사와 학생들, 쓰러진 이들에게 답을 하고 있습니다. 그래서 오늘 이 작은 모임에서 우리의 고통을 성스럽게 하고 우리의 희망을 구하기 위한 의식을 진행하고 있습니다.

총장은 연설을 계속했다.

대학은 젊은이들을 위한 최고의 지적 훈련장입니다. 천천히 그러나 추진력을 가지고 문제들을 전면에 부상시켜야 합니다. 그리고 이 문제들을 외면하지 않고 더 자세하게 알려고 하고 인식하려고 합니다. 이 문제들은 아마도 개인의 존재 자체에 대한 근본적인 진리를 포함하고 있을 것입니다. 우리 교사들은 특정한 과학의 목적이나 과정에 대해서뿐만 아니라, 인류 역사의 무한하고 신비한 여정을 흔들고 있는 것에 대해 묻는 젊은 사람들에게 우리 자신을 조금도 감추지 말고 완전히 드러낼 의무가 있습니다.

마르케시는 진심에서 우러나오는 호소로 그의 연설을 끝맺었다. (전체 연설 내용은 파두아대학 웹사이트에서 찾아볼 수 있다. https://800anni-unipd.it/en/storia/il-discorso-di-concetto-marchesi-dinaugurazione-del-722-anno-accademico/)

신사 여러분, 이 고통스러운 시기에 무자비한 전쟁의 폐허 속에서 우리 대학이 다시 새로운 1년을 시작하고 있습니다. 우리들 누구도, 특히 젊은 사람들은 구원의 정신을 충분히 가지고 있어야 합니다. 이런 생각을 가지고 있으면 파괴되었던 모든 것들이 다시 일어날 것이고, 정당하게 희망했던 모든 것들이 성취될 것입니다. 젊은이 여러분, 이탈리아를 믿으십시오. 당신의 훈련과 당신의 용기에 의해 이런 것들이 유지되는 한 이탈리아의 운을 믿으십시오. 세계의 명예와 즐거움을 위해 계속 살아가야 할 이탈리아를 믿으십시오. 시민의 문화가 암흑 속으로 빠져들지 않는 한 이탈리아가 노예 상태로 떨어지는 일은 없을 것입니다. 오늘 1943년 11월 9일에 이탈리아의 노동자, 예술가, 그리고 과학자의 이름으로 나는 파두아대학의 722번째 해가 시작되었음을 선언합니다.

자유를 향한 열정과 문명을 암흑 속에 빠뜨릴 수 있는 파시즘에 대한 반대를 분명하게 한 이 열정적인 연설은 마르케시에게 전환점이 되었다. 몇 주일 후 마르케시는 집을 떠나 파두아에 있는 친구들의 은신처로 갔다가 다시 밀라노로 갔다. 밀라노에서 그는 스위스로 피신하여 전쟁이 끝날 때까지 머물렀다. 스위스에 체류하는 동안 그는 레지스탕스와 긴밀하게 접촉했는데, 베네토 지역의 레지스탕스 지도자 중 한 사람은 약학과 교수로 마르케시 밑에서 파두아대학의 부총장을 지낸 에지디오 메네게티Egidio Meneghetti였다. 뛰어난 화학자였던 그는 약학의 발전에도 크게 기여했다. 1943년부터 그는 레지스탕스에 적극 가담했는데, 1945년에 체포된 후 고문을 받고 처형 수용소로 이송되는 대신 우선 볼잔노에 있던 수용소로 보내졌다. 그가 이곳에서 목숨을 건질 수 있었던 것은 전쟁 마지막 달에 있었던 연합군의 강력한 공습으로 북이탈리아에서 독일로 가는 철도가 파괴되었기 때문이었다.

한 세기 전쯤 아마데오 아보가드로Amadeo Avogadro는 과학의 수학적 원리를 연구하던 토리노대학의 숭고한 물리학 학과장을 역임했다.(오늘날의 관점에서 보면 '숭고한' 물리학이라는 말에 웃음이 날 것이다. '숭고함'이라고 번역된 sublime은 라틴어 *sublimis* — 그리고 이 단어의 변형인 *sublimus* — 에서 유래한 단어이다. '아래'를 뜻하는 sub와 '한계'를 뜻하는 limen이 결합하여 만들어진 이 단어는 '상한선에 도달하다'라는 뜻을 가지고 있다. 따라서 높은, 고결한, 또는 특별한 등으로 번역할 수도 있다.) 1820년에서 1821년 사이에 아보가드로는 유럽을 뒤흔들었던 혁명의 지도자들과 가깝게 지냈고, 피드몬테의 대학들과 학생 운동에 영향을 주었다. 이로 인해 샤를 펠릭스 국왕이 1822년에 아보가드로의 학과장 직을 비롯한 여러 대학의 교수 직책을 회수했다. 대학은 "이 유능한 과학자가 강의의 과중한 부담에서 벗어나 일정 기간 동안 휴가를 가짐으로써 더 나은 연구에 매진하게 된 것을 기쁘게 생각한다."고 발표했다.

그러나 아보가드로는 마르케시, 메네게티, 프리츠 슈트라스만Fritz Strassmann, 실비오 트렌틴Silvio Trentin, 그리고 나치-파시즘 시대의 다른 많은 사람들이 그랬던 것처럼 다른 길로 돌아서지 않았다. 불행하게도 오늘날에도 사고의 자유와 학문의 자유가 위험에 처해 있는 나라에서 더 많은 사람들이 이런 사람들의 목록에 포함되고 있다. 이들은 그들의 연구 분야에서 비판적 사고를 통해 사회에 충격을 준 인본주의자, 과학자, 의사들이다.

2022년 설립 800주년을 맞은 파두아대학의 모토는 "파두아의 자유는 모든 사람을 위한 보편적인 것이다."이다. 지식과 교육 추구에 기여하는 대학의 보편적인 열정은 항상 자유, 환영, 그리고 인내의 등대가 될 것이다.

# 7 밝기를 재는 '칸델라'

Candela

## 아홉 번째 날의 초상화

1626년에 초상화가인 저스터스 서스테르만Justus Sustermans이 그렸고 피렌체 피티 궁전의 팔라티나 미술관에 소장되어 있는 메디치가의 페르디난도 2세의 초상화는 우피치 미술관이 수집한 작품들 중에서 가장 보티첼리 풍의 얼굴이 아니다. 이것은 2021년 2월 9일에 우피치 미술관이 페이스북에 올린 페르디난도 2세 초상화에 대한 평가이다. 초상화를 보면 왜 이런 평가를 했는지 쉽게 이해할 수 있을 것이다. 유명한 초상화가였으며 궁정화가로 2장의 유명한 갈릴레이의 초상화(역시 피렌체에 보관되어 있음)를 그리기도 했던 서스테르만는 16세였던 페르디난도 2세가 천연두에 감염되고 9일째 되는 날 그의 초상화를 그렸다. 어린 귀족의 얼굴은 천연두의 일반적인 증상인 포진으로 덮여 있었다. 천연두에 감염되면 포진이 얼굴뿐만 아니라 몸의 다른 부분에도 나타났고, 고열에 시달렸으며, 인두 역시 감염되어 음식을 먹을 수 없었다. 따라서 천연두로 목숨을 잃는 경우도 많았다.

이 초상화는 백신이라는 용어가 등장하기도 전에 백신을 선호했던 투스카니 대공 레오폴드 2세의 선택에 영향을 받았을 것이다.

1786년에 대공은 자신과 자신의 아이들에게 네덜란드의 과학자 얀 잉엔하우스Jan Ingenhousz로 하여금 천연두의 면역 기술을 시험할 수 있도록 했다. 잉엔하우스는 인두법이라고 불리던 면역 요법의 전문가였다. 인두법은 건강한 사람의 피부에 의도적으로 상처를 낸 다음 환자로부터 채취한 농포를 바늘로 상처 부위에 찔러 넣는 방법이었다. 1730년에 태어난 잉엔하우스는 영국에서 수백 명의 사람들에게 이 방법으로 시술하여 성공했다. 그의 명성이 널리 알려지자 오스트리아의 마리아 테레지아 황후도 자신과 가족에게 인두법을 시술해 줄 것을 요청했다. 천연두는 유럽에서 6천만 명의 목숨을 앗아간 공포스러운 질병이었다. 볼테르가 1733년에 출판한 일련의 수필집 내용 중 영국에 체재하면서 받은 영감을 쓴 편지에서 그는 주민의 60%가 천연두에 감염되었고 치사율이 20%에 이른다고 했다. 그는 또한 영국에서처럼 프랑스에서도 면역법이 시행되길 바란다고 했다.

그로부터 수십 년이 흐른 다음 에드워드 제너Edward Jenner가 최초로 천연두를 예방하는 백신을 개발했다. 그가 만든 백신은 고도의 면역 능력을 지닌 세계 최초의 백신이었다. 제너는 우두의 농포에 접촉한 농부가 천연두에 걸리지 않거나 걸리더라도 경미한 증세에 그치는 것을 발견했다. 우두의 경우에도 천연두에 걸린 환자에게서 발견할 수 있는 것과 비슷한 농포가 발생했다. 따라서 제너는

(위험을 감수하고) 인간에게 천연두를 발생시키는 바이러스가 아니라 암소에 우두를 일으키는 바이러스를 인두법과 같은 방법으로 접종하기로 했다. 이로 인해 암소를 의미하는 라틴어 *vaccae*로부터 요즘 우리가 사용하는 백신vaccination이라는 말이 만들어졌다.

백신 덕분에 3천 년 전 이집트 미라에서도 발견되었던 천연두가 완전히 박멸되었다. 그러나 볼테르가 《영국에 관한 편지Letters on the English》를 쓴 후 200년이 지난 오늘날에도 백신의 효능을 믿지 못하는 사람들이 있다. 누구나 역사에서 교훈을 얻는 것은 아닌 모양이다.

## 설탕과 산소

과학의 역사는 그의 이름을 널리 알려줄 만큼 얀 잉엔하우스에게 관대하지 않았다. 그의 이름이 많은 사람들에게 알려지지는 않았지만 구글이 2017년 12월 8일에 그의 286번째 생일을 기념하여 올린 '두들doodle'(역자주: 구글

이 특별한 사람이나 사건을 기념하기 위해 자사의 로고인 'google'을 여러 가지 형태로 변형하여 검색 엔진의 메인에 배치하는 이미지)로 인해 어느 정도 그의 존재를 알릴 수 있었다. 잉엔하우스는 기억해 둘 필요가 있는 사람이다. 1779년에 발표한 논문을 통해 그는 식물이 태양에서 오는 빛 에너지를 화학 에너지로 전환하는 과정인 광합성 작용의 이해에 크게 공헌했다.

이보다 몇 년 전에 조지프 프리스틀리Joseph Priestley가 밀폐된 용기 안에서 양초가 타면서 소비한 산소를 식물이 어떻게 다시 만들어내는지를 보여주는 실험을 했다. 잉엔하우스는 식물에서 빛의 역할을 이해하는 데 공헌했는데, 그는 식물의 잎이 태양 빛을 받으면 산소를 만들어내고, 빛이 없는 어두운 곳에서는 이산화탄소를 만들어낸다는 것을 알아냈다. 그는 이러한 결과를 1779년에 발표하여 이후 진행된 식물에 대한 연구에 큰 영향을 주었다.

오늘날 우리는 식물, 조류, 시아노 박테리아가 태양 빛, 물, 이산화탄소를 이용하여 산소를 만들어내고, 에너지를 탄수화물의 분자 형태로 저장한다는 것을 알고 있다. 광합성 작용은 엄청난 양의 태양 에너지를 수집하여 저장할 수 있기 때문에 지구에 사는 생명체가 살아가는 데 결정적인 역할을 한다. 대부분의 생명체는 그들이 에너지원으로 사용하는 복잡한 유기 분자를 생산하는 광합성 작용에 의존해 살아가고 있다. 광합성 작용을 통해 생산되는 탄수화물은 글루코오스glucose와 같이 더 복잡한 분자들을 구성하는 데 사용되고 있다. 지구에서는 광합성 작용을 통해 평균 30조 와트의 에너지가 생명 물질에 저장되고 있다. 이는 인간의 활동을 위해 필요한 에너지의 5~6배가 넘는 양이다.

광합성 작용은 태양의 에너지를 우리가 사용할 수 있는 에너지로 전환하는 것 외에, 대기 중으로 산소를 방출하는 중요한 역할도 한다. 광합성 작용을 하는 대부분의 생명체는 광합성 작용을 통해 산소를 방출한다. 광합성 작용으로 지구의 환경이 완전히 바뀌었고, 이로 인해 지구에서 살아갈 수 있는 생명체도 달라졌다. 광합성 작용을 하는 생명체는 대기 중에 포함되어 있는 이산화탄소를 흡수하여 이산화탄소에 포함되어 있던 탄소 원자를 유기 분자를 만드는 데 사용한다.

## 푸른 물과 맑은 물

지구에 생명체가 살 수 있도록 한 놀라운 현상 중 하나는 태양 빛과 물의 상호작용이다. 실체가 전혀 달라 물리적으로 서로 아무 관계가 없어 보이는 이 두 가지는 밀접하게 연관된 성질을 가지고 있다.

태양은 내부에서 핵융합 반응을 통해 엄청난 양의 핵에너지를 여러 가지 다른 형태의 에너지로 전환하고 있는 자연의 원자로이다. 이 에너지의 일부인 전자기파 복사선이 지구에 도달한다. 태양은 매초 6억 톤의 수소를 소모하고 있으며, 지구의 가장 바깥쪽에 도달하는 태양 복사선의 에너지는 1제곱미터당 1,360와트이다. 이 숫자는 태양 상수라고 불리고 있다. 1제곱미터가 대략 식탁 크기라고 한다면 이것은 엄청난 에너지라는 것을 알 수 있다. 지구 대기의 외곽 1제곱미터에 도달하는 에너지를 한 시간 동안 모두 수집하면 하루 종일 냉장고를 가동할 수 있을 것이다.

지구가 구형이고 태양 빛이 지구의 일부만 비춘다는 것을 고려하여 다시 계산하면 지구 표면에 도달하는 평균 에너지는 1제곱미터당 340와트이다. 이 에너지는 지구 표면의 대부분을 차지하고 있는 물에 흡수된다. 수증기는 온실 효과를 나타내는 중요한 기체이다. 온실 효과는 지구가 얼어붙은 채로 우주를 떠돌지 않고 수많은 생명체를 가질 수 있도록 하는 자연 현상—오늘날에는 인간 활동의 영향을 많이 받고 있지만—이다.

현재 지구 표면의 평균 온도는 14℃로, 이 온도는 태양의 복사 에너지에 의해 유지된다. 지구에 도달하는 태양 에너지의 3분의 1은 반사되고 3분의 2는 지구에 흡수된다. 지구는 흡수한 에너지를 다시 전자기파 복사선 형태로 우주로 방출한다. 지구가 방출하는 전자기파 복사선의 진동수는 태양에서 오는 복사선의 진동수보다 작다. 지구가 방출하는 전자기파는 주로 적외선이다. 지구 대기는 태양에서 오는 진동수가 큰 전자기파보다 지구가 방출하는 진동수가 작은 적외선을 더 잘 흡수한다. 이런 과정을 통해 태양 빛에 의한 지구 온난화가 진행되는 것을 온실 효과라고 한다. 오늘날 이 효과는 부정적인 것으로 인식되어 있지만, 자연적인 형태의 온실 효과는 지구 생명체에게 꼭 필요한 과정이다. 온실 효과가 없다면 지구의 온도는 현재의 14℃에서 -18℃로 떨어지게 될 것이다.

온실 효과를 일으키는 기체는 대기에 아주 적게 포함되어 있는 기체들이다. 대기 중에 가장 많이 포함되어 있는 질소와 산소는 각각 78%와 21%를 차지하고 있지만 온실 효과에는 거의 기여하지 않는다. 대신 약 1%를 차지하고 있는 수증기가 가장 중요한 온실 효과를 일으킨다. 수증기와 비슷하게 중요한 온실 기체는 대기 중에 수증기보다도 더 적게 포함되어 있는 이산화탄소와 메테인이다. 대기 중에 포함되어 있는 이산화탄소의 양은 100만분의 400 정도이다. 메테인의 함량은 이보다도 낮다. 낮은 함량에도 불구하고 이산화탄소는 온실 효과를 조정하는 중요한 역할을 한다. 이산화탄소 함량의 변화가 대기의 온도를 변화시키고, 대기의 온도 변화는 더 큰 온실 효과를 나타내는 대기 중 수증기의 양을 변화시킨다. 이들은 예민한 균형 상태에 있으며, 따라서 작은 변화가 큰 효과를 나타낼 수 있다. 인류의 활동으로 인해 증가하는 대기 중 이산화탄소의 함량 변화가 지구 환경을 위협할 수 있는 것은 이 때문이다.

태양 빛과 물의 상호작용은 주로 바다에서 일어난다. 인간의 눈은 태양에서 방출되는 모든 파장의 전자기파 복사선 중에서 특정 범위의 파장을 가진 전자기파만 감지할 수 있다. 태양은 밝은 노란색으로 보이지만, 실제로 태양 빛에는 모든 파장의 빛이 섞여 있다. 태양 빛에는 파장이 400나노미터에서 700나노미터 사이의 전자기파가 가장 많이 포함되어 있는데 이를 '가시광선'이라고 부른다. 일정한 파장 범위 안에 있는 전자기파는 특정한 색깔의 빛으로 감지된다. (이러한 설명은 과학적으로 정확한 설명이라고 할 수 없다. 태양 빛의 파장은 연속적으로 변하기 때문에 다른 색깔의 빛 사이의 경계를 설정하는 것은 가능하지 않다.) 무지개에서는 개개의 색깔의 빛을 볼 수 있다. 지구 생명체에 있어 기본적이지만 아주 특별한 사실 중 하나는 물이 가시광선을 선호한다는 것이다. 일반적으로 물은 전자기파를 아주 잘 흡수하는 물질이다. 우리는 물이 전자기파를 흡수하는 현상의 예를 주위에서 쉽게 찾아볼 수 있다.

요즘 대부분의 가정에서 사용하고 있는 전자제품 중 하나가 전자레인지이다. 전자레인지는 음식물 안에 포함되어 있는 물 분자가 전자레인지가 발생시킨 특정한 파장의 전자기파를 흡수하기 때문에 작동한다. 좀 더 기술적인 또 다른 예는 잠수함 사이의 통신이 어려운 것과 핵 발전소에서 나온 사용 후 핵연료를 물속에 보관하는 것이다. 이런 예는 물이 고에너지 복사선을 잘 흡수한다는 것을 나타낸다.

그러나 물이 전자기파를 흡수하는 이러한 성질에 가시광선은 예외이다. 물은 파장이 400나노미터에서 700나노미터 사이의 전자기파(이것은 파장이 수십억분의 1미터에서 수십 미터에 이르는 전체 전자기파에 비하면 아주 좁은 범위임)는 흡수하지 않고 통과시킨다. 따라서 물은 우리 눈에 투명하게 보인다. 물이 통과시키는 전자기파의 파장 범위는 인간과 동물의 눈이 감지하는 전자기파의 파장 범위와 같고, 식물이나 조류가 광합성에 이용하는 전자기파의 파장 범위와 같다. 가시광선보다 진동수가 조금 더 큰 자외선은 물에 의한 흡수율이 급격하게 증가한다. 이로 인해 우리는 태양에서 오는 자외선으로부터 보호를 받을 수 있다.

물의 투명성은 해양 생태계에서 아주 중요한 요소이다. 물을 잘 통과하는 빛으로 인해 물속에 사는 동물들이 먹이를 구할 수 있다. 모든 생명 현상의 기본적인 에너지원인 태양 빛이 물을 잘 통과할 수 있기 때문에 물속에서도 광합성을 할 수 있다. 이를 통해 물속 생태계를 유지하는 데 필요한 에너지가 공급된다. 우리는 숨을 쉴 때마다 바다에 감사해야 한다. 바다가 대기 중에 포함되어 있는 산소의 반 정도를 (조류와 광합성을 할 수 있는 플랑크톤의 광합성 작용을 통해) 생산하는 것으로 추정된다.

바다에서의 광합성 작용은 육상 식물이 광합성 작용을 시작하기 오래전부터 시작되었다. 육상 식물의 가장 오래된 화석은 4억 7,000만 년 전의 것인 반면, 시아노박테리아와 조류의 화석 중에는 35억 년 전의 것도 있다. 물이 전자기파를 흡수하는 현상과 태양이 전자기파는 방출하는 현상은 물리적으로 볼 때 아무런 연관성이 없는 독립적인 현상이지만, 이 현상들과 관련된 전자기파의 파장 범위가 일치하는 것은 지구 생명체에 참으로 다행한 일이 아닐 수 없다.

## 인간의 측정을 위해

새로운 것이 나타난 것을 표현할 때 '빛을 보다'라고 하는 것이나, 죽음을 '영원히 눈을 감다'라고 하는 것은 빛이나 시각이 인간의 생활에서 얼마나 중요한지를 잘 나타낸다. 시각은 인간의 감각기관 중에서 외부에 대한 정보를 가장 많이 받아들이는 중요한 기관이다. 또한 빛은 많은 종교에서 전재 전능한 존재를 상징하고, 문학 작품에서는 식별, 지혜, 그리고 진리를 상징한다. 성경에 의하면 하늘과 땅을 창조한

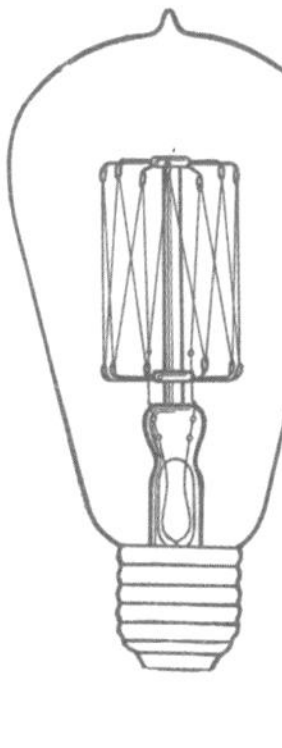

직후 신은 별보다도 먼저 빛을 창조했다(창세기 1장 3절). 따라서 빛의 측정 단위, 좀 더 정확하게 말해 밝기의 단위가 인간과 가장 밀접한 관계를 가지고 있는 단위인 것은 이상할 것이 없다. 밝기를 나타내는 단위는 고도 기술 사회인 오늘날에도 오래전에 사용했던 조명 장치의 하나인 칸델라candela(라틴어 *candle*)를 그 명칭으로 사용하고 있다.

칸델라는 국제단위계의 일곱 번째 기본 단위로 밝기를 나타내는 단위이다. 기술적인 용어를 이용하여 나타내면 칸델라는 광원이 주어진 방향으로 단위 입체각(스테라디안steradians)당 방출하는 일률을 말한다. 이것이 칸델라의 정확한 정의지만 쉽게 이해가 되지는 않을 것이다. 중요한 것은 칸델라가 인간의 시각이 감지할 수 있는 빛의 측정을 다루는 과학인 측광학의 단위라는 것이다. 따라서 이것은 광원이 내는 전체 빛의 세기를 나타내는 단위가 아니다. 광원이 내는 전체 빛의 양을 나타내는 단위는 루멘lumen이다. 조명 장치의 포장에는 그 성능이 루멘이라는 단위로 표시되어 있다. 이것은 조명 장치의 성능은 특정한 방향으로 방출하는 빛의 양이 아니라, 조명 장치가 모든 방향으로 방출하는 전체 빛의 양을 뜻하기 때문이다. 루멘은 조명 장치가 전체 환경으로 얼마나 많은 빛을 방출하는지를 나타내기 때문에 조명 장치의 목적을 잘 반영한다.

칸델라는 광원을 바라보는 인간의 눈이 감지하는 밝기를 나타내는 단위이다. 3차원 공간에서 특정한 방향으로 방출되는 빛의 세기를 수학적으로 기술하기 위해서는 입체각을 사용하는 것이 편리하다. 둥근 파이를 여섯 조각으로 균등하게 나누면 각 조각의 중심각은 60°이다. 이제 공을 생각해 보자. 꼭짓점이 공의 중심을 향하고 있는 원뿔의 크기를 나타내는 입체각의 크기는 스테라디안steradians이라는 단위를 이용하여 나타낸다. 루멘이 광원이 내는 빛 전체의 세기를 나타내는 반면, 칸델라는 관측자 방향으로 전파되는 빛만의 세기를 나타낸다. 그리고 칸델라는 X선, 마이크로파 복사선, 전파와 같은 모든 종류의 전자기파 복사선의 세기를 나타내는 단위가 아니라, 인간의 눈이 감지할 수 있는 복사선만의 세기를 나타낸다. 따라서 칸델라는 매우 인간 중심적인 측정 단위이다. 한마디로 말해 칸델라는 우리 눈으로 직접 들어오는 우리 눈이 볼 수 있는 빛(가시광선)의 세기를 나타내는 단위이다.

수천 년 동안 불꽃은 유일한 인공 광원이었다. 17개 국가가 파리에서 미터 협약에 서명하던 1875년까지도 그랬다. 전구가 발명된 것은 1878년이었는데, 이 해에 조지프 윌슨 스완Joseph Wilson Swan이 탄소 필라멘트를 사용한 전구의 특허를 받았다. 같은 시기에 미국에서 토머스 에디슨Thomas Edison도 비슷한 것을 발명했다. 그리고 3년 후인 1881년에 런던에 있는 사보이 극장이 공공건물 중에서는 처음으로 전구를 사용했다. 그러나 전구가 널리 사용될 때까지는

10여 년을 더 기다려야 했다.

분수령이 된 것은 1948년이었다. 그때까지는 광원의 밝기를 여러 가지 다른 방법으로 정의한 단위를 이용하여 측정했다. 일반적으로 조성과 형태가 잘 정의된 촛불이나 정밀하게 정의된 백열전구의 밝기를 측정 단위의 기준으로 삼았고, 따라서 빛의 밝기를 측정하는 데 사용된 단위들이 일정하지 않았다. 그러나 과학이 발전하면서 측광학의 실용적인 응용이 많아지자 빛을 측정하는 보편적인 단위에 대한 구체적인 합의가 필요하게 되었다. 따라서 1948년에 흑체가 내는 열 복사선을 기준으로 하는 밝기의 단위가 정해졌다. 온도가 높은 금속이 내는 열 복사선의 특성은 잘 알려져 있어 실험을 통해 재현하는 것이 가능했기 때문이다. 밝기를 나타내는 단위의 기준으로 선택된 물질은 표준 압력하에서 녹는점이 1,768℃인 백금이었다.

미터원기나 킬로그램원기의 경우와 마찬가지로 칸델라의 기준이 된 백금은 인공적인 것이었고, 온도가 매우 높아 실험을 하려면 특수한 시설이 필요하다는 문제점이 있었다. 더 정밀한 광원과 밝기 측정 장치가 가능하게 되자 밝기의 단위도 인공물로부터 해방시킨 새로운 기준을 적용하기로 했다. 내용을 설명하기 전에 우선 새로운 정의를 소개하려고 하는데, 이것을 한눈에 명확하게 이해하기는 어려울 것이다. 새로운 정의를 명확하게 이해하는 일은 뒤로 미루기로 하고 새로운 정의를 소개하면 다음과 같다.

> 1칸델라(cd)는 주어진 방향으로 진동수가 5.4 × $10^{14}$헤르츠인 단색광을 방출하는 광원이 내는 에너지가 스테라디안당 1/683와트일 때의 밝기를 나타낸다.

이러한 정의만으로는 칸델라가 무엇을 의미하는지 전혀 알 수 없을 것이다. 그럼 이제부터 하나씩 매듭을 풀어보자. 우선 "진동수가 5.4 × $10^{14}$헤르츠인 단색광을 방출하는 광원"이라는 말부터 시작해 보자. 간단하게 말해 이것을 녹색 빛을 내는 광원이라는 뜻이다. 진동수가 5.4 × $10^{14}$헤르츠인 전자기파는 우리 눈에 녹색으로 인식된다. 이 색깔의 빛을 선택한 이유는 우리 눈이 밝은 곳에서 이 빛을 가장 잘 감지하기 때문이다.

다음으로 683이라는 숫자에 대해 알아보자. 이 숫자는 임의로 선택된 숫자인 것처럼 보인다. 실제로 그렇다. 이 숫자는 새로 정의한 칸델라가 이전에 사용하던 칸델라와 가능하면 같은 값이 되게 하기 위해 선택된 수이다. 이렇게 하면 새로 정의한 칸델라와 1875년에 실제 캔들의 불꽃을 이용하여 정의한 칸델라의 값이 같아져 새로운 정의로 인한 혼란을 줄일 수 있다. 기본 단위들을 모두 보편 상수에 기반을 두고 새롭게 정의하려는 국제단위계의 새로운 시도가 칸델라의 정의에는 영향을 주지 못한 것이다.

이 상수는 녹색광의 시감 효능을 나타낸다. 따라서 새로운 정의는 녹색광의 시감 효능을 $K_{CD} = 683cd/sr \cdot W$로 확정한 것이라고 할 수 있다. 와트는 기본 단위가 아니라 기본 단위인 미터, 초, 킬로그램과 이들과 연관된 보편 상수로부터 유도된 유도 단위이다. 우주의 성질을 나타내는 빛의 속도 $c$나 기본 전하 $e$와 같은 다른 보편 상수들과는 달리 $K_{CD}$는 매우 인간 중심적인 상수이다. 화성인이 지구에 온다면 빛의 속도나 전하의 값에 대해서는 쉽게 동의할 것이다. 그러나 화성인들의 시각이 우리와 다르다면 우리가 시감 효능의 값을 우리에게 편리하도록 정했다고 불평할 것이다.

## 최대의 만족

과학을 믿게 되면 개인의 이익과는 관계없이 활동하는 적극적인 시민이 되기도 하고, 계몽적인 입법자가 되기도 한다. 레오폴드 2세 대공은 예방의학을 받아들였을 뿐만 아니라 형사법의 개혁자가 되기도 했다. 그는 1786년 11월 30일에 발표된 레오폴드 형사법을 입안했다. 체사레 베카리아Cesare Beccaria(역자주: 근대 형법 사상의 기초를 마련한 이탈리아의 법학자 겸 경제학자)

의 계몽주의적 생각을 적용한 이 법은 투스카니 대공의 형사법 체계를 크게 개혁하여 야만적인 사형제도를 폐지한 첫 번째 근대 국가가 되도록 했다.

> 우리가 가지고 있는 부성애를 바탕으로 범죄 예방을 위한 최대한의 노력을 전제로 처벌의 완화, 빠른 재판, 그리고 신속하고 확실한 처벌이 범죄의 증가를 막고 흉악 범죄를 현저하게 줄일 수 있다는 것을 알게 되었다.

현대적인 생각이 아닌가?

## 에필로그

# 측정을 위한 측정

세상을 재는 일곱 가지 단위를 발견하기 위한 우리의 여행을 끝낼 때가 되었다.

측정을 위한 국제단위계는 자연과 세상, 그리고 우리 자신을 이해하는 강력한 도구가 되고 있다. 수십 년의 노력 끝에 도량형학은 마침내 인간의 경험에 의존하지 않고 변하지 않는 자연의 성질에 기반을 둔 측정 체계를 만들어냈다. 새로운 측정 체계의 바탕이 되는 빛의 속력이나 플랑크 상수는 절대로 변하지 않기 때문에 인류가 지구상에서 사라지고 인류가 만든 측정 장치—자, 저울, 시계—가 모두 없어진 후 외계인이 지구에 와서 살게 되더라도 그들도 우리가 사용하는 것과 같은 측정 체계를 만들 것이다. 그러나 측정 체계는 같더라도 측정에 사용되는 도구와 눈금에 새겨지는 값은 그것을 사용하는 사람들에 의해 다르게 결정될 것이다. 책상 위에 놓여 있는 정(끌)은 하나의 금속 덩어리에 불과하지만, 미켈란젤로의 손에 들려 있으면 대리석에서 다비드 상을 탄생시키는 도구가 된다. 마찬가지로 빛과 전기를 측정하는 단위들은 특별한 의미가 없는 숫자에 불과할 수도 있지만, 아인슈타인이 광전 효과를 설명할 때 사용하면 양자역학 실험의 기초가 될 수 있다.

측정은 우리의 생활과 지식의 진보를 위해서 꼭 필요한 것이므로 측정 체계는 잘 만들어지고 제대로 사용되어야 한다. 이제 우리는 지적 노력의 결정체인 아름다운 측정 체계를 갖게 되었다. 그러나 이것을 사용할 때에는 특별히 주의해야 한다. 특히 측정이 많은 사람들의 합의를 위한 것이라면 더욱 그렇다. 어떤 사건이나 체계를 기술하거나 설명하기 위한 측정이 불완전하면 사건과 관련된 중요한 요소를 간과하거나 전체 체계의 복잡성을 제대로 인식하지 못하는 오류를 범할 수 있다. 의도적으로 현상을 기술하는 양에만 한정하는 측정 과정은 지식을 왜곡시키는 불완전한 도구가 될 수 있다. 우리가 이야기를 시작할 때 언급했던 CT를 향한 놀라운 도약은 전통적인 방사선학에서와 한 점에만 관심을 가지는 것이 아니라 여러 각도에서 측정한 수많은 측정 결과를 종합하면서 가능했다.

예를 들어 전기 자동차의 환경학적 영향을 알아보려는 경우 자동차가 발생시키는 $CO_2$ 기체가 얼마나 줄어들었는지만 측정하는 것으로는 충분하지 않다. 자동차가 사용하는 전기가 어디에서 생산되었으며, 그것을 생산하기 위해 얼마나 많은 $CO_2$를 발생시켰는지도 감안해야 한다. 전기 자동차가 있는 곳으로부터 멀리 떨어진 곳에서 생산된 경우에도 마찬가지이다. 그렇게 하지 않고 전기 자동차가 운행되고 있는 주변 공기의 청정도에만 관심을 집중하면 전기 자동차가 자동차로 인한 대기오염의 문제를 해결했다고 결론지을 수도 있다. 그러나 전기가 오늘날과 같이 주로 화석 연료를 이용하여 생산된 것이라면 전기 자동차는 오염을 한 곳에서 다른 곳으로 옮긴 것에 불과할 것이다.

건강관리 체계의 성공을 위해 제공되는 서비스의 질은 생각하지 않고 서비스의 양만을 가지고 판단한다면, 그리고 서비스가 환자를 위한 것이 아니라 경제적 이익을 더 중요하게 생각하는 것이라면 잘못된 결론에 도달할 가능성이 크다. 과학 연구에 대한 평가가 논문의 질과 영향력을 고려하지 않고 발표된 논문의 수에 의해서만 이루어진다면 우리에게는 미래가 없다. 사람을 미리 정해놓은 업무 평가 점수로만 평가한다면 우리는 인간성의 일부를 상실하게 될 것이고, 사람들이 일하는 환경을 비생산적으로 만들 것이다. 복잡성을 무시하고 대상을 몇 가지 부분으로 단순화하여 평가한다면 우리는 대상을 불완전하게 파악할 것이고, 따라서 지나치게 단순화된 결정이나 정책을 수립하며, 이는 가치 있는 미래 창조를 불가능하게 만들 것이다.

측정은 매우 소중한 도구이지만, 과학적 지식과 과학적 방법을 이용하여 측정 결과를 해석하는 것은 인간이다. 측정이 자연을 이해하는 기본 요소라는 것을 잘 알고 있는 과학자들은 측정 과정을 자세하게 규정하여 보편화했다. 따라서 측정 결과를 공유하고 검증할 수 있으며, 이론의 기초로 사용할 수 있다. 측정 결과의 선택과 분석은 측정 결과가 실험 대상의 기본적인 면과 전반적인 상황을 객관적으로 나타내는지, 그리고 측정 대상의 모든 가능한 면을 조사하는지를 감안하여 이루어져야 한다. 실험을 통해 발견된 사실에 대한 토론은 비판적인 것이어야 한다. 그리고 확실한 결론에 도달하기 위해서는 재현 가능성이 우선적으로 고려되어야 한다.

과학은 사람들이 원하거나 필요로 하는 진리를 자동적으로 만들어내지 않는다. 그 반대로 과학적 발견은 의심과 실수의 결과이다. 의심하고 실수하는 것은 연구자들이 부끄럽게 생각할 일이 아니라 진리를 발견하는 강력한 도구라는 것을 알아야 한다. 그리고 의심과 실수가 과학을 좀 디 인간적인 것으로 만든다. 실제로 의심과 실수는 연구에서와 마찬가지로 생활에서도 기본적인 요소이다. 이탈리아의 교육자로 어린이를 위한 책을 여러 권 쓴 잔니 로다리Gianni Rodari는 1964년에 에이나우디Einaudi에 의해 출판된 《실수의 책Il libro degli errori》에 "실수는 필요한 것이며, 빵만큼이나 유용하고, 피사의 사탑만큼이나 아름답다."라고 설명해 놓았다. 과학의 역사는 그것을 잘 가르쳐 주고 있다.

켈빈 남작이라고도 불리는 윌리엄 톰슨William Thomson, 알베르트 아인슈타인Albert Einstein, 그리고 엔리코 페르미Enrico Fermi와 같은 위대한 과학자들도 실수를 했다. 켈빈은 지구의 나이를 추정하는 데서 실수를 했고, 페르미는 우라늄 원자핵이 분열하는 실험을 했지만 그것을 알아차리지 못했다. 아인슈타인은 그가 정적이라고 생각했던 우주와 상대성 이론을 조화시키기 위해 우주 상수를 그의 방정식에 포함시켰다.

그러나 이 모든 실수들은 그 나름의 가치를 가지고 있었다. 켈빈의 연구는 잘못된 결론을 이끌어 냈지만 지구 나이에 대한 연구를 새로운 과학으로 바꾸어 놓았고, 이로 인해 지구의 나이가 45억 년이라는 올바른 결론을 이끌어 낼 수 있었다. 페르미의 실험은 리제 마이트너Lise Meitner, 오토 한Otto Hahn, 그리고 프리츠 슈트라스만Fritz Strassmann이 우라늄 원자핵의 분열을 발견하는 데 도움을 주었다. 한은 페르미의 실험이 없었더라면 그와 마이트너, 그리고 슈트리스만이 우라늄에 관심을 가지지 않았을 것이라고 했다. 아인슈타인은 잘못된 가정으로부터 우주 상수를 이끌어 냈지만, 그가 제안한 우주 상수는 매우 기발한 착상이었다. 수십 년이 흐른 후 우주가 가속 팽창하고 있는 것을 설명하기 위해 천체물리학자들은 다시 우주 상수를 도입했다. 과학의 역사에 있었던 많은 다른 실수들과 함께 이 실수들은 생산적이었으며 과학적인 사고의 전환점을 제공해 주었다.

과학은 쉬지 않고 새로운 사실을 발견하고 새로운 측정 결과는 내놓고 있다. 과학은 또한 더 많은 의문점을 만들어 내기도 한다. 새로운 발견을 위한 열정은 잠시 지나가는 것이지만, 의심은 과학자들이 일생 동안 품고 있는 것이다. 노벨상 수상자인 리처드 파인만 Richard Feynman의 표현을 빌리면, 의심은 "두려워할 것이 아니라 인간의 새로운 잠재력을 나타내기 위한 가능성으로 환영받아야 한다." 과학에서 의심은 기존의 권위나 생각으로부터의 해방을 의미한다. 과학은 민주적이며 '1인 1표'가 확실하게 보장된다. 이는 모든 사람들에게 연구의 짐과 아름다움을 나누어 가질 기회가 있음을 의미한다. 과학 연구의 기회는 모든 사람에게 주어져야 한다. 과학이 제공하는 자유는 새로운 길을 선택할 수 있게 하고, 아무도 측정하지 못했던 양을 측정하여 혁명적인 비전을 제시할 수 있도록 한다. 과학적 사고 방법은 과학 외적인 문제에도 적용될 수 있다. 따라서 우리는 순수하게 경제적이고 재정적인 문제인 웰빙이나 사회 발전에 대한 비전에도 관심을 가져야 한다.

우리가 정치가들과 매스컴의 지나치게 단순한 설명과 때로는 학계가 내놓는 권위적인 선언을 제지할 수 있다면, 과학과 사회의 연합은 우리 주위에 있는 세상의 복잡한 일들을 누구나 두려움 없이 다룰 수 있는 일들로 바꾸어 놓을 수 있을 것이다. 강요에 의해 만들어진 조화로운 설명 — 직접적인 설명이거나 은유적인 설명이

거나—을 버리는 것은 더 좁고 험한 길로 가는 것이지만, 이 길은 우리를 좀 더 높은 가치를 지닌 사실로 이끌어 줄 것이다.

세상을 재는 올바른 도구를 선택할 때 인류는 자연에 자신을 맡겨 왔다. 이제 우리는 우리 자신을 개인과 공동체의 지적 능력에 맡겨 우리가 선택한 도구들이 자연과의 지속 가능한 관계, 그리고 집단적이고 보편적인 웰빙을 새롭게 측정할 수 있도록 해야 한다.

# 감사의 말

이 책에서는 아보가드로 수나 지구에서 프록시마 켄타우리 별까지의 거리를 킬로미터 단위로 나타낸 수와 같이 아주 큰 숫자들을 다뤘다. 그러나 이런 큰 숫자들도 이 책을 쓰는 동안 다른 사람들로부터 받은 감사를 나타내기에는 턱없이 모자란다.

우선 역사학자이며 뛰어난 작가인 나의 평생 친구 알레산드로 마르조 마그노Alessandro Marzo Magno에게 감사한다. 그가 없었다면 이 책은 가능하지 않았을 것이다. 그는 내게 이 책을 이탈리아에서 출판한 라테르자Laterza를 만나도록 해주었고, 다시 책 쓰기를 시작하도록 격려해 주었으며, 원고를 읽고 그가 잘 알고 있는 많은 부분에서 귀중한 제안을 해주었다.

내가 사람들에게 조언을 구했을 때 모두들 너그럽게 나의 요구를 들어주었다. 지오바니 부세토Giovanni Busetto, 알레산드로 드 앙겔리스Alessandro De Angelis(갈릴레이 연구자이며 대중 작가), 레오나르도 기우디코티Leonardo Giudicotti, 파두아대학 물리 및 천문학과의 동료들은 원고를 자세하게 읽고 많은 조언을 해주었다.

내가 이 책을 쓰고 있던 몇 달 동안 우리 대학에서 일반화학과 무기화학을 가르치는 마우로 삼비Mauro Sambi를 만날 수 있었던 것은 행운이었다. 몰을 다룬 장을 자세하게 검토하고 오류를 바로잡아 준 그에게 감사드린다. 그는 원고를 읽고 자신의 의견을 제시해 주기 위해 많은 시간을 할애했다.

트리노에 있는 국립기상학연구소의 마르코 피사니Marco Pisani와 같은 전문가들의 검토를 통해 이 책의 많은 부분의 수준을 높일 수 있었다.

지휘자인 페데리코 마리아 사르델리Federico Maria Sardelli는 음악과 관련된 내용을 검토하고 오류를 바로잡아 주었으며, 음악의 빠르기, 작곡가와 연주자의 관계를 재미있게 설명할 수 있도록 해주었다. 그에게도 깊은 감사를 드린다.

이 책을 쓰는 동안에 우리 생활의 모든 면이 측정 가능한 것이 아니라는 것을 알게 해준 마리나 산티Marina Santi, 도움이 되는 많은 조언을 해준 알레산드라 비올라Alessandra Viola, 리아 디 트라파니Lia Di Trapani, 아그네스 구알드리니Agnese Gualdrini, 그리고 이 여행을 위해 많은 도움을 주고 끝까지 여행을 함께한 라테르자 출판사의 모든 직원들에게도 많은 빚을 졌다. 파두아대학의 동료들, RFX 협회, 그리고 DTT 실험실로부터도 많은 것을 배우고 많은 빚을 졌다.

이 책을 훌륭하게 번역해 준 그레고리 콘티Gregory Conti, 나에게 예일대학 출판 공동체의 일원이 되는 기회를 준 예일대학 출판부의 진 톰슨 블랙Jean Thomson Black에게 특별한 감사를 드리며, 예일대학 출판부의 편집자인 엘리자베스 실비아Elizabeth Sylvia와 원고 편집자 로라 존스 둘리Laura Jones Dooley에게도 감사드린다.

오랫동안 여러 가지 방법으로 나에게 도움과 힘을 주었고, 내가 모르는 사이에도 나를 지지해 준 모든 사람들에게 심심한 감사를 드린다. 나에게 많은 것을 가르쳐 준 안나마리아Annamaria와 카를로Carlo에게 특별히 감사한다. 그리고 나의 가장 소중한 독자인 안드레아Andrea에게도 깊은 감사의 마음을 전한다.

지금까지 언급한 많은 사람들, 그리고 더 많은 사람들이 너그러운 마음으로 나를 지켜보아 주었고, 또 도움을 주었다. 마지막으로 이 책의 내용 중에 포함된 오류나 부정확한 내용에 대한 책임은 모두 나에게 있음을 밝혀둔다.

# 더 읽어 보기

읽기도 어려운 긴 참고문헌 목록을 제시하는 대신 이 책에서 다룬 내용에 대해 좀 더 공부하고 싶은 사람들에게 실제로 도움이 될 수 있는 참고 자료들을 간략하게 소개한다.

물리학자들이 측정 단위를 어떻게 사용하는지 좀 더 자세하게 알고 싶다면 리처드 파인먼Richard Feynman이 쓴 《물리학 강의Lectures on Physics》를 추천한다. 이 책은 대학 수준의 물리학을 다루고 있지만 많은 부분은 비전문가들도 쉽게 이해할 수 있다. 책의 내용은 www.feynmanlectures.caltech.edu에서도 검색해 볼 수 있다. 그리고 그의 저서 중 하나인 《여섯 에세이: 가장 뛰어난 선생이 설명한 물리학의 핵심Six Easy Pieces: Essentials of Physics Explained by Its Most Brilliant Teacher, 4th ed.》도 물리학에 대한 기초를 비교적 쉽게 설명하고 있어 읽어볼 가치가 충분히 있다.

데이비드 그리피스David J. Griffiths가 쓴 《20세기 물리학의 혁명Revolutions in Twentieth-Century Physics》(Cambridge University Press, 2012), 그

리고 《양자역학 입문Introduction to Quantum Mechanics, 3rd ed.》(Cambridge University Press, 2018)도 주제를 명료하게 설명해 놓은 좋은 책이다. 아이젠베르크R. Eisenberg와 레스닉R. Resnick이 공동 저술한 《양자역학: 원자, 분자, 고체, 원자핵, 그리고 입자Quantum Physics: Of Atoms, Molecules, Solids, Nuclei, and Particles》(John Wiley and Sons, 1974)는 양자역학을 이해하는 데 많은 도움을 준다.

《상대성 이론: 특수 상대성 이론과 일반 상대성 이론Relativity: The Special and the General Theory》(Methuen, 1920 and 1954)은 1916년에 아인슈타인이 일반 독자들에게 상대성 이론을 설명하기 위해 쓴 책이다. 로널드 클라크Ronald W. Clark가 쓴 《아인슈타인: 일생과 시간Einstein: The Life and Times》(William Morrow, 2007) 또한 일반인을 위한 완성도 높은 책이다.

측정의 역사와 관련된 주제를 다룬 책으로는 로버트 크리스Robert P. Crease가 쓴 《저울 위의 세상: 절대적인 측정 체계를 향한 역사적인 탐험World in the Balance: The Historic Quest for an Absolute System of Measurement》(W. W. Norton, 2011)이 재미있게 읽을 수 있는 책이다. 온도 개념의 역사를 다룬 흥미 있는 기사는 〈온도 개념과 온도 측정의 발전The Development of Thermometry and the Temperature Concept〉(《Osiris 12》, 1956)으로 인터넷 jstor.org에서 찾아볼 수 있다.

《모든 것의 측정: 세상을 바꾼 7년간의 오디세이와 숨겨진 실수

The Measure of All Things: The Seven-Year Odyssey and Hidden Error That Transformed the World》(Free Press, 2002)는 켄 아들러Ken Adler가 쓴 책으로 1미터의 크기를 정하기 위해 던커크에서 바르셀로나까지의 거리를 측정했던 들랑브르와 메체인의 모험을 그린 책이다. 차드 오르첼Chad Orzel이 쓴 《시간 측정의 간단한 역사Brief History of Timekeeping》(Oneworld, 2022)는 시간 측정과 관련된 흥미 있는 이야기들을 소개하고 있으며, 다바 소벨Dava Sobel이 쓴 《경도Longitude》(Walker, 1995)는 18세기에 찾아낸 바다에서 경도를 측정하는 방법을 설명해 놓았다. 경도 측정은 항해에서 가장 중요하다고 알려져 있다.

갈릴레오 갈릴레이Galileo Galilei는 실험과 측정을 바탕으로 하는 실험 방법의 아버지이다. 알레산드로 드 안젤리스Alessandro De Angelis가 쓴 《두 새로운 과학Two New Sciences》(Springer, 2022)은 갈릴레이가 1638년에 출판한 《두 새로운 과학과 관련된 수학적 증거와 논증Discourses and Mathematical Demonstrations Relating to Two New Sciences》의 내용을 일반인에게 설명한 책이다.

이 책에는 나의 전공 분야인 열핵융합 분야에서 가져온 몇 가지 예들이 포함되어 있다. 물리학의 전반적인 내용의 역사적인 발전 과정과 고도의 기술을 필요로 하는 측정에 흥미가 있는 독자들에게는 《원자핵 융합: 자기장 차폐 핵융합 연구에 바친 반세기Nuclear Fusion: Half a Century of Magnetic Confinement Fusion Research》(C. M. Braams and P.

E. Stott, CRC, 2002)를 권하고 싶다.

측정 단위에 대한 연구를 다룬 자료를 인터넷에서 많이 찾아볼 수 있다. 측정 단위들 사이의 관계와 우리 일상생활과의 관계를 나타내는 흥미 있는 자료와 도표를 제공하고 있는 토리노에 있는 국립기상학연구소, 미국 국립표준기술연구소NIST, 뉴질랜드의 측정 표준 실험실의 웹사이트를 추천하고 싶다.

또한 2개의 논문(Z. J. Jabbour and S. L. Yaniv, 〈The Kilogram and Measurements of Mass and Force〉, 《Journal of Research of the National Inbstitute of Standards and Technology》 106 (2001): 25–46, and R. S. Davis, 〈Recalibration of the U.S. National Prototype Kilogram〉, 《Journal of Research of the National Bureau of Standards》 90 (1985): 263–283)에서도 미국에 있는 국제 킬로그램원기IPK의 복제품에 대한 유용한 내용을 찾아볼 수 있다.

웹페이지 www.nobel.se에서는 현대 물리학의 기둥을 이루고 있는 여러 노벨상 수상자들이 한 연설을 찾아볼 수 있다.

국제도량형국BIPM의 웹페이지 www.bipm.org/en에서는 자세한 기술적인 내용을 찾아볼 수 있다. 각 분야의 전문가들에게 흥미 있는 기술적인 내용은 뉴웰 등D. B. Newall et al.이 2018년에 기상학 학술지 《Meterologia》에 발표한 논문 〈The CODATA 2017 Values of $h$, $e$, $k$, and $N_A$ for the Revision of the SI〉에서 찾아볼 수 있다.

이탈리아 독자들에게는 알레산드로 마르조 마그노Alessandro Marzo Magno가 21013년에 출판한 《돈의 발명: 재정이 이탈리아어를 말할 때The Invention of Money: When Finance Spoke Italian》(Garzanti, 2013)가 무게의 측정 단위와 화폐 이름 사이의 관계를 자세하게 설명해 준다.

다른 역사 서적 중 하나로 알레산드로 드 안젤리스Alessandro De Angelis가 쓴 《내 인생의 최고였던 18년The Best Eighteen Years of My Life》(Castelvecchi, 2021)은 갈릴레이가 파두아에서 보낸 시절의 이야기를 들려준다. 마르코 시아르디Marco Ciardi가 쓴 《원소의 비밀: 멘델레예프와 주기율표의 발명The Secret of the Elements: Mendeleev and the Invention of the Periodic Table》(Hoepli, 2019)은 주기율표를 발견한 과학자들의 역사를 설명해 준다.

엔리코 페르미Enrico Fermi가 트리니티 시험장에서 목격한 것을 기록한 문서는 국립문서보관소에 보관되어 있는데(RG 227, OSRD-S1 Committee, box 82, folder 6 "Trinity"), 웹사이트 www.dannen.com/decision/fermi.html에서도 찾아볼 수 있다. 그가 에도아르도 아말디Edoardo Amaldi에게 보낸 편지는 로마대학 물리학과 도서관에 보관되어 있으며, 웹사이트 www.phys.uniroma1.it/DipWeb/museo/archivio/doc1.html에서도 찾아볼 수 있다.

마지막으로 모든 사람들이 읽어보아야 할 책으로 지안니 로다리Gianni Rodari가 쓴 《실수에 대한 책The Book of Errors》(Einaudi, 2011)과

프리모 레비Primo Levi가 쓴 《주기율표The Periodic Table》(Einaudi, 1975)를 추천한다.